R.-A. PRADET
Vétérinaire-Major de 2e classe

De l'Equitation par la Main

Dressage des chevaux difficiles et délicats

PARIS
HENRI CHARLES-LAVAUZELLE
Éditeur militaire
124, Boulevard Saint-Germain, 124

MÊME MAISON A LIMOGES

1915

DE L'ÉQUITATION PAR LA MAIN

R.-A. PRADET
Vétérinaire-Major de 2e classe

De l'Équitation par la Main

Dressage des chevaux difficiles et délicats

PARIS
HENRI CHARLES-LAVAUZELLE
Éditeur militaire
124, Boulevard Saint-Germain, 124

MÊME MAISON A LIMOGES

1915

AVANT-PROPOS

Ayant eu la bonne fortune de pouvoir faire beaucoup d'équitation de manège, il m'a été permis de me rendre compte que le dressage de tous les chevaux, même de ceux qualifiés difficiles, pouvait être entrepris en suivant une progression plus rapide et plus sûre que toutes celles qui ont été recommandées jusqu'à ce jour.

C'est après avoir noté attentivement les procédés divers de commandement que j'ai utilisés, et qui m'ont donné satisfaction, analysé également tout ce que je faisais pour mener à bien mon dressage, que j'ai pu établir les principes de la méthode qui sera exposée dans la suite.

La façon de dresser, que je préconise et que je voudrais soumettre à l'approbation de ceux qui s'intéressent au cheval, a déjà été contrôlée par la pratique; plusieurs personnes auxquelles j'ai eu le plaisir de donner quelques leçons d'équitation d'après mes principes ont pu arriver très vite aux mêmes résultats que moi. Parmi elles se trouvent des dames qui ont pu dresser leurs chevaux en un mois de temps.

J'ai donc cru de mon devoir de faire part de

mes impressions aux cavaliers qui, commençant à monter à cheval sans trop d'appréhension, voudraient préparer eux-mêmes des animaux en haute école, ou rectifier certains chevaux délicats.

Par avance, je tiens à prévenir tous ceux qui me feront l'honneur de lire mon travail que je n'ai nullement l'intention de lancer une nouvelle manière de monter à cheval, puisque je monte moi-même en me servant des règles générales connues de tous.

Depuis longtemps on a cherché à analyser tous les mouvements que l'on peut obtenir d'un cheval de selle. C'est ainsi que, mettant l'animal en parallèle avec une machine, on a consigné les résultats obtenus par des formules empruntées à la dynamique. Je ne discuterai en rien tout ce qui a été écrit sur la question, puisque dans mon étude je fais abstraction volontaire des données mathématiques fournies par certains auteurs. J'envisagerai donc le dressage du cheval dans un sens essentiellement pratique.

Je considère, en effet, comme inutile de vouloir poser des conclusions fermes, alors que la machine animale se comporte souvent d'une façon assez irrégulière. même après des commandements invariables. Rien n'est plus imprécis, chacun a pu le constater. que l'amplitude donnée à certains gestes, aux mêmes allures, par les mêmes rayons locomoteurs et chez des animaux semblablement conformés. Le fait se produit également sur un même cheval, suivant les jours, suivant les instants.

En expliquant les mouvements par le seul mécanisme des leviers, nous n'arrivons donc qu'à avoir une idée générale de ce qui se passe, alors que le détail nous échappe. On néglige ainsi de tenir compte d'une variante de tous les instants : l'énergie du moteur qui engendre les réflexes. C'est pourtant cette énergie qui peut nous faire comprendre les nuances qu'il y a dans l'art équestre, en nous indiquant pourquoi le cavalier qui s'occupe de plusieurs chevaux devra varier légèrement ses commandements pour chacun des animaux qu'il a en dressage.

Le vrai dresseur de chevaux est celui qui, dans le minimum de temps, se met au courant de leur caractère et de leur trempe et qui possède à la perfection un tact spécial pour les commander.

A mon avis, c'est par la main que le cavalier apprécie vite sa monture et peut se lier avec elle. C'est ce qui explique le titre que j'ai pris pour présenter mon travail, persuadé que le doigté peut très vite s'acquérir en équitation.

Jusqu'ici il n'a jamais été complètement expliqué; aussi, dans les diverses leçons qui suivront, je vais m'efforcer de le décrire. Ce sera là surtout ma tâche.

Mon travail peut donc se résumer ainsi : entrer le plus simplement possible dans l'étude de tous les détails nécessaires à mieux faire comprendre l'accord des aides, que tous les traités d'équitation nous recommandent, sans nous indiquer suffisamment comment on doit l'obtenir; préciser aussi ce que les écuyers font, sans souvent l'enseigner ou l'expliquer; pénétrer en un mot ce que l'on a appelé le secret des dresseurs de chevaux.

J'utiliserai parfois la comparaison pour essayer de mieux démontrer certains faits à analyse difficile. Quelquefois aussi je répéterai volontairement certaines recommandations, pour mieux accuser leur importance à des moments déterminés.

DE L'ÉQUITATION PAR LA MAIN

PREMIÈRE PARTIE

EXPOSÉ DE LA MÉTHODE

I

Principe sur lequel une méthode rapide de dressage doit être établie.

Dans le dressage de mes chevaux, j'ai toujours constaté qu'un animal de selle travaillant la tête bien placée pouvait être comparé à un *ressort à boudin*, qui, après avoir été bandé d'abord, doit être relâché à l'une de ses extrémités pour que son élasticité soit mise en jeu. Donc, d'après moi, le mouvement régulier en avant dépend de la *compression* du cheval d'avant en arrière d'abord, puis de la détente d'arrière en avant. Dans le mouvement latéral, l'extrémité du ressort a été déviée, soit à droite, soit à gauche, au début de la compression.

Ma comparaison permet de saisir toutes les nuances de l'équitation et surtout ce qu'il est convenu d'appeler l'accord des aides. Elle explique pourquoi les commandements doivent subir des variations suivant les animaux. Un cheval bien établi, bon caractère, est l'équivalent d'un ressort souple à spirales serrées. Un sujet variable d'humeur, quinteux, mal équilibré, fait penser à un ressort dur ou à spirales plus ou moins lâches. Un cheval nerveux rappelle un ressort très léger, doux, réagissant violemment à la moindre pression. Un animal légèrement taré, raté dans son dressage, peut être comparé à un ressort cassant, à trempe défectueuse, à élasticité incertaine.

Les chevaux présentent dans les races différentes des aptitudes plus ou moins grandes au dressage. L'explication nous est fournie par mon principe primordial, puisque les effets dans les ressorts varient, toutes dimensions égales gardées, suivant la nature et le traitement des métaux qui entrent dans leur com position.

La façon de travailler d'un sujet quelconque peut donc être appréciée par un cavalier, après qu'il s'est mis en selle. Elle est encore mieux saisie à chaque instant au cours d'une reprise, car un même cheval peut réagir, à certains moments comme un ressort bien trempé, à d'autres comme un ressort défectueux.

D'après l'importance ou la facilité de la compression du cheval, on se rend donc compte de ce que l'on obtiendra.

Ce que j'appelle la compression, obtenue la tête de l'animal bien placée, n'est autre que le rassembler. D'après moi, celui-ci se produit toujours par l'avant, aussi ai-je préféré, assimilant le cheval à un ressort employer le mot *compression* au lieu de rassembler.

On sera sans doute surpris de voir que je n'hésite pas à avancer que le cheval commence à s'engager en arrière, à raidir son encolure, à se grandir dans l'exécution de la compression. Pourtant, c'est bien ce qui se passe normalement, car on ne peut pas rassembler par les jambes sur la ligne droite un animal non dressé, les rênes tenues longues, alors que la chose est possible par les rênes seules tenues courtes et sans l'action des jambes. Si nous envisageons les déplacements latéraux, tels que appuyer, départ au galop, nous arrivons à la même conclusion : c'est par la compression latérale d'avant en arrière, produite par le placer de la rêne, que débutent les mouvements.

Je puis citer, en outre, des exemples qui prouvent que tout mouvement en avant est d'autant plus rapide que la compression d'avant en arrière a été plus marquée. Un animal doux de bouche n'hésite pas à trottiner, au lieu de s'engager au pas, si la main de son cavalier manque de souplesse. Les chevaux emballeurs se rencontrent toujours parmi ceux qui ont la bouche sensible. Le cheval de course, ayant désarçonné son jockey, n'arrive jamais premier au poteau, par défaut de compression. Dans les épreuves de vitesse encore, la jambe n'est que très peu utilisée dans la marche en avant; la monte à l'américaine nous l'a prouvé surabondamment en ces dernières années.

Il est donc nécessaire que la main demande d'abord le mouvement à exécuter; les jambes, comme je le démontrerai par la suite, empêchent surtout l'animal de refuser ce qui a été commandé par la main.

C'est en partant de ce principe que j'ai toujours dressé mes chevaux, et j'ai toujours réussi à obtenir très vite l'accord des aides.

En expliquant systématiquement tous les mouvements de manège par la compression, il est facile de se rendre compte comment on obtient l'accord, à un moment voulu, par le doigté en avant et le maintien par les jambes en arrière. L'un ou l'autre semble prédominer parfois, alors que la résultante ne subit aucune variation, si l'effet total de commande est le même. Ainsi, tout mouvement peut être produit d'une façon régulière, quoique paraissant demandé très différemment, puisque l'énergie fait varier l'élasticité du ressort animal en maintes circonstances. Par exemple après un temps de trot, une volte, exécutée au pas, semble exiger moins de tenue par la main qu'une même volte demandée après un exercice lent.

La fixité du ressort en arrière par les jambes n'est pas à dédaigner; elle doit suivre immédiatement toute compression venue de l'avant. La main également doit mollir aussitôt que l'appui des jambes a fixé l'impulsion.

L'action des jambes sera donc toujours assez douce, de peur d'avoir affaire à un ressort vibrant trop et pour que l'effet recherché par la main soit bien compris. L'appui trop fort par les jambes, développant l'énergie, fait trop sentir la dureté du mors et peut provoquer le reculer de la machine. D'ailleurs, il est presque impossible à un cavalier de se servir de ses jambes, ou de piquer de l'éperon sans que, par réflexe, les doigts de sa main ne se resserrent un peu sur les rênes.

La pression des jambes n'est donc pas indispensable; elle est souvent nécessaire; c'est ce qui a voulu qu'elle a été considérée, presque toujours et à tort, comme la cause initiale de tout mouvement. Il n'en est pourtant rien; car, comment analyser alors le fait qui s'établit à la longue, que certains airs relevés de manège exigent très peu de jambes, lorsqu'ils sont connus de l'animal et que celui-ci a pris l'habitude de se mettre au rassembler avec peu de mors ? Comme exemple je citerai : qu'un cheval mis en haute école peut passer de l'allure du pas ordinaire au passage rien que par une traction des rênes, et que le même animal, sous l'action combinée des jambes et de la main, pourra être engagé sur le reculer.

A mon avis, on a exagéré l'importance qu'ont les jambes dans les commandements. Je ne nie pas l'utilité de leur action, puisqu'elles doivent limiter la compression en arrière pour favoriser l'impulsion en avant. Ce qui équivaut à dire : que les jambes empêchent le cheval de se refuser à la demande des rênes. C'est là leur *fonction principale*.

Il en est une autre, que je qualifie de *secondaire* et qui consiste dans le réflexe qu'elles peuvent produire par leur contact avec le corps du cheval. Dans ce cas, il n'est pas rare que l'impulsion qui en résulte soit ascendante, car les jambes ont souvent pour effet d'engager un peu trop le train postérieur en avant, d'où détente du ressort en hauteur.

Le cavalier utilise quelquefois l'action secondaire des jambes pour réveiller sa monture ou l'inviter à être attentive. Même dans ce cas, le contact des jambes au corps du cheval n'est pas toujours nécessaire, puisqu'il peut être plus ou moins diminué au fur et à mesure du dressage. Ceci s'explique de la façon suivante : chaque fois que les jambes se sont rapprochées du cheval, il s'est produit sur la selle une secousse par l'assiette du cavalier. C'est donc par le choc, donné par le poids du cavalier sur la colonne vertébrale du cheval, que celui-ci a été surtout invité à travailler avec énergie. A ce sujet, j'avancerai le fait qui se produit 99 fois sur 100 : c'est que tout changement d'allure demande la même action de jambes ou à peu près, chose qui est loin d'être en rapport avec les différences d'énergie dépensée par l'animal au départ aux diverses allures.

Plus que quiconque, je suis partisan d'utiliser les jambes pour favoriser, chaque fois qu'il se peut, le mouvement en avant; mais je suis obligé de convenir, qu'à part leur utilité dans certains départs libres, leur façon d'agir est plus limitée qu'on ne l'a dit jusqu'à ce jour. Certains des mouvements, exposés en détail au cours de cette étude, feront mieux comprendre pourquoi je suis arrivé à me rendre compte que l'action des jambes devait suivre celle de la main, au lieu de la précéder, sous peine d'avoir une monture désunie ou marchant des allures avec peu de tride.

Ainsi, j'obtiens régulièrement le lever des deux membres antérieurs en extension, avec la projection très en avant du pied correspondant, dans le pas espagnol, cela en quelques séances d'un quart d'heure environ. Pour arriver à ce résultat, j'utilise d'abord les deux rênes d'un côté (filet et mors) fortement tenues dans la main placée bas, pour soulever le membre voulu. Je porte ensuite, en arrière des sangles, la jambe diagonalement opposée, et j'obtiens une belle détente du membre en avant pendant la marche. Le steppage du sabot se produit même, si je donne beaucoup d'appui aux rênes, et si la main se porte brusquement en avant par un à-coup sec vers la fin du mouvement.

Par ma méthode, je puis obtenir la marche au pas espagnol (4 ou 5 pas) vers le 5e ou 6e jour de dressage.

J'obtiens aussi le passage en bien moins d'un mois (de 10 à 25 jours), et sans avoir jamais mis pied à terre, sauf pour la leçon du montoir. J'ai fait l'expérience sur tous les chevaux que j'ai eus à ma disposition. Je réussis d'autant mieux que je m'adresse, à l'origine, à des chevaux n'ayant jamais été montés.

Quoique mes chevaux apprennent vite, j'exige d'eux tout le détail des mouvements; c'est ainsi qu'ils marquent le piaffer avant de s'élancer au passage. C'est là, je crois, une preuve assez sévère contre les partisans de l'action énergique des jambes, qui souvent sont obligés, après deux ou trois mois de dressage, quelquefois plus, de recourir au travail aux piliers pour obtenir un piaffer suffisant. Cette préparation aux piliers, à laquelle je viens de faire allusion, milite d'ailleurs en faveur de ma thèse sur la compression; la chambrière fait appel à l'énergie des chevaux, après que ceux-ci ont été tout d'abord mis en compression par le licol de force agissant sur leur chanfrein.

Après un dressage complet, mes chevaux peuvent être commandés semblablement à ceux qui ont été dressés d'après des méthodes opposées à la mienne. Je monte moi-même, en effet, au bout d'un certain nombre de séances, en donnant l'impression de me servir de mes jambes. On pourrait me reprocher ce fait, alors que je sens toujours ma main prédominer dans les commandements. Je m'explique donc à l'avance sur ce point, et j'expose les raisons qui me font agir. Lorsqu'un cheval goûte bien son mors, que de plus il a acquis au travail une certaine agilité et une certaine énergie, il est susceptible de réagir comme un ressort souple et bien équilibré. Il oscille en permanence et vibre par le seul poids des rênes; les jambes du cavalier doivent donc, à chaque instant, être près du corps du cheval, soit pour limiter sa compression en arrière, soit pour réveiller son énergie qui se perd d'autant plus que le travail de soumission est plus continu.

Dans les premiers temps, au contraire, la pression des jambes aurait été nuisible au même cheval, vu que la gêne de la bouche et sa meurtrissure par une embouchure dure auraient été beaucoup plus accusées après une demande d'énergie qu'après un travail exécuté en douceur.

Or, il est de première importance, si l'on veut marcher rapidement dans le dressage, de bien se rendre compte de ce fait : la compression se produisant toujours d'avant en arrière et non d'arrière en avant, il y a lieu souvent *de la diminuer* pour qu'une détente normale ait lieu.

Je viens de l'expliquer, elle ne peut s'amoindrir que si les jambes ne rendent pas trop sensible, à certains moments, l'action de la main.

Il suffit que je signale le fait ci-dessous pour mieux faire saisir encore mon raisonnement. Certains jeunes chevaux, mis en bridon, se laissent conduire soit en main, soit montés, tandis qu'avec une embouchure dure ces mêmes animaux, tenus par les rênes de bride, se cabrent ou reculent avec un cavalier sur le dos, alors qu'ils supportent le même mors si le même cavalier les conduit pied à terre.

C'est ce qui explique pourquoi, en supprimant dès les débuts l'action des jambes, mes chevaux peuvent travailler avec la bride et être mis rapidement en haute école, sans qu'il soit besoin de les préparer d'abord par un dressage en bridon. D'ailleurs, je suis bien persuadé que la majorité des écuyers ne dressent pas autrement que moi. La seule nuance que ma méthode établira, c'est qu'on est exposé à perdre du temps en se servant de la pression des jambes, avant que le cheval ne soit habitué au mors, et n'ait marqué une confiance, qui ne peut s'obtenir rapidement d'ailleurs, que par la main et non par les jambes.

On comprendra maintenant pourquoi il est indispensable d'avoir une main légère si l'on veut aller vite en besogne; pourquoi aussi certains cavaliers, voulant se hâter en se servant des jambes, arrivent à un résultat contraire, parce que, augmentant la dureté de leur main, ils diminuent parallèlement la soumission des animaux.

Comme on le voit, d'après moi, presque tout doit se passer dans la main. Il est donc de première nécessité d'acquérir le doigté qui est lié (voir chapitre 2) à la souplesse du poignet, aux mouvements de bascule de celui-ci, d'avant en arrière ou inversement, et à ses déplacements latéraux.

J'insisterai surtout, au cours de cette étude, sur la façon de se lier à sa monture par l'intermédiaire de sa main.

Nous verrons ainsi que les défenses se produisent très rarement chez les chevaux bien dirigés; qu'il est facile d'obtenir un dressage parfait chez les animaux, lorsque la main sait se plier aux exigences que commandent l'élasticité et la trempe du ressort à ployer; que ce même dressage est rapide, puisque je puis faire produire à tous mes chevaux, en vingt séances au maximum, en outre des allures pas et trot en ligne droite, sur le cercle, sur deux pistes, etc..., des airs relevés, tels que le pas espagnol et le passage, exécutés d'une façon des plus correctes.

II

Notions générales sur la tenue des rênes à employer. — Manipulation des rênes. — Comment avoir la main légère et acquérir le doigté.

Après avoir lu attentivement le paragraphe précédent on se rendra facilement compte pourquoi j'ai cherché à adopter une tenue des rênes très légère pour commencer le dressage, considérant qu'il est de première importance de la mettre en pratique. Je donnerai quelques détails sur cette tenue de rênes, comme aussi je m'efforcerai de faire connaître la façon de mettre la main du cavalier en bonne harmonie avec la bouche du cheval.

Tenues de rênes à adopter. — Ma tenue de rênes définitive, car parfois on doit en utiliser certaines autres dès les débuts, est à peu près conforme, à part de très légères modifications, à celle qui est aujourd'hui réglementaire dans l'armée.

Les quatre rênes sont prises dans la main gauche demi-ouverte (fig. 1), le petit doigt seul étant resserré sur la rêne gauche de filet. Les rênes du mors de bride, celle de gauche en dessous, sont séparées par l'annulaire. La rêne droite de filet se place entre l'index et le médius. La queue des rênes attachées au filet est remontée sur l'index, celle des rênes de bride reste libre en arrière (voir fig. 1). Le pouce n'est jamais fermé sur le premier doigt de la main gauche. Pour la conduite, le médius et l'index de la main droite se placent au-dessus de la rêne droite du filet. Quand l'animal a pris l'habitude du mors, il n'y a aucun inconvénient à placer l'extrémité des rênes du

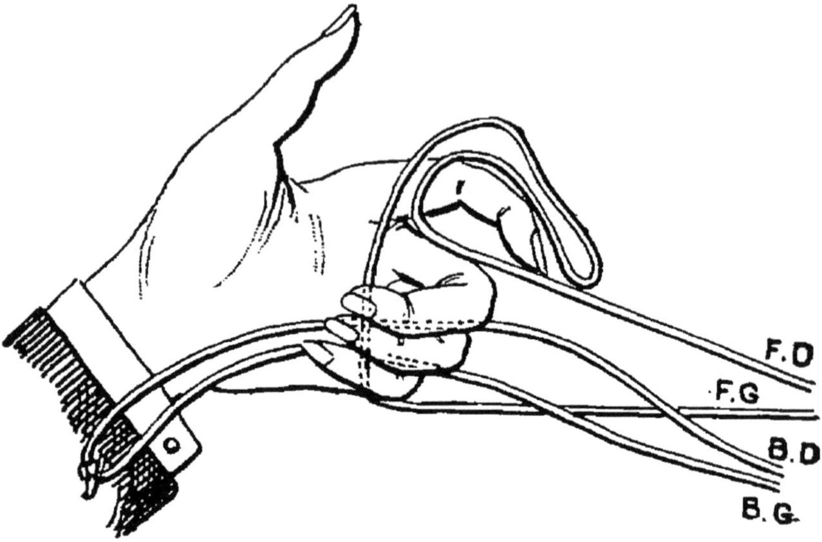

FIG. 1. — *Tenue normale des rênes dans la main gauche à utiliser pour chevaux délicats.*

F.D. — Rêne droite du mors de filet.
F.G. — — gauche — —
B.D. — — droite — de bride.
B.G. — — gauche — —

mors de bride sur l'index de la main gauche, le pouce restant ouvert comme dans la figure 2.

Pendant les premiers exercices, je fais toutefois subir quelques légers changements au placer des rênes dans la main. On sépare la rêne de droite correspondant au mors de filet, pour la prendre sous le petit doigt de la main droite. Les deux rênes du filet sont donc semblablement placées dans chaque main et leur extrémité, remontée dans le creux de la main, est posée sur l'index (tenue en bridon). Les deux pouces doivent rester ouverts et être dirigés en dehors. Les rênes du mors de bride sont prises très lâches, supportées simplement, mais non tenues ou

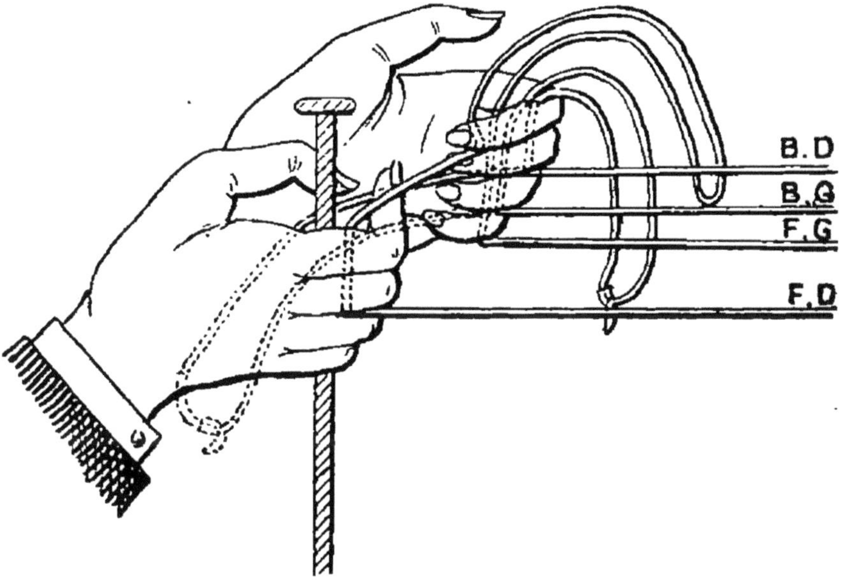

FIG. 2. — *Tenue des rênes dans la main gauche, deux doigts de la main droite sur la rêne droite du mors de filet.*

NOTA. — La main droite est plus basse que la gauche pour montrer l'extrémité des rênes.

F.D. — Rêne droite du mors de filet.
F.G. — — gauche — —
B.D. — — droite — de bride.
B.G. — — gauche — —

tirées, par l'annulaire et le petit doigt de la main gauche, leur extrémité restant dirigée vers le corps du cavalier. La main droite ne tient donc qu'une rêne, afin de permettre la liberté de la cravache.

Lorsque j'ai affaire à un sujet vraiment trop délicat dans la bouche, et c'est le cas de la majorité des chevaux portant le mors pour la première fois, je fais encore varier pendant les premiers jours la manière de tenir les rênes de filet. Je les prends de haut en bas (fig. 3 et 4) entre l'index et le médius de

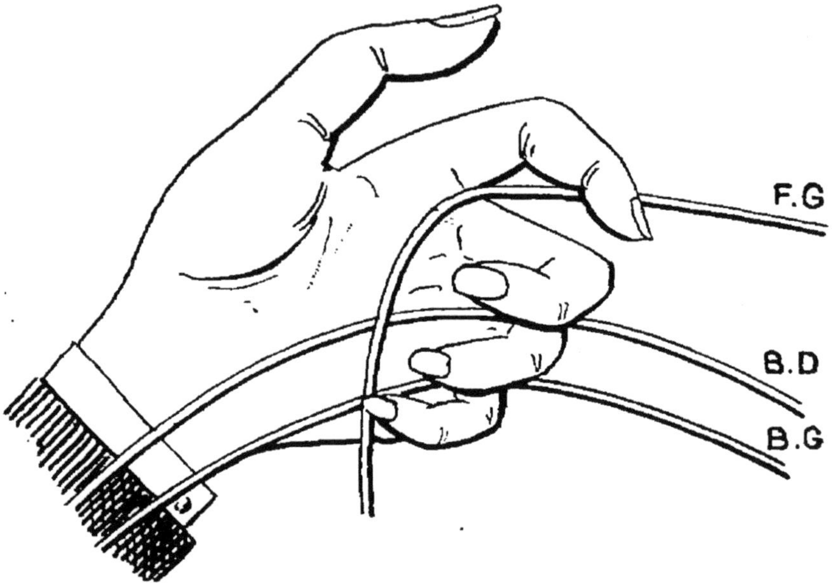

Fig. 3. — *Tenue des rênes au début du dressage (main gauche).*

F.G. — Rêne gauche du mors de filet.
B.D. — — droite — de bride.
B.G. — — gauche — —

chaque main (genre tenue pour la conduite en voiture) au lieu de bas en haut et sous le petit doigt, comme dans la tenue précédente. On peut aussi les placer sur l'index, dirigées en bas, et non fixées par le pouce.

En indiquant ces dernières modifications, je suis persuadé qu'elles pourront, le cas échéant, rendre de réels services. Si l'on s'adresse à des chevaux par trop sensibles, on offrira ainsi une main plus moelleuse, le poids de la main n'agissant plus sur la rêne. Au contraire, la main pourra soulever la rêne dans le cas où, par son propre poids, elle deviendrait une

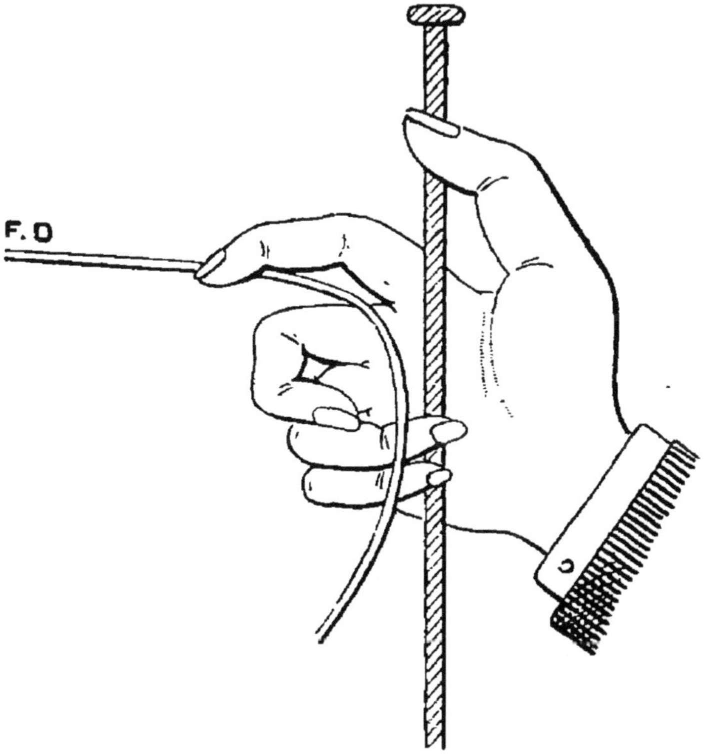

Fig. 4. — *Tenue des rênes au début du dressage (main droite).*

F.D. — Rêne droite du mors de filet.

cause de douleur pour une bouche délicate. Cette précaution a une importance marquée, car le cheval nerveux a toujours une grande appréhension, une tendance à se défendre, si les commandements sont un peu violents. C'est surtout de la main droite que la rêne de filet devra être tenue légère. Si l'on était obligé de se servir de la cravache pour frapper à droite, la rêne tenue sur l'index ou le médius sera moins gênante et risquera moins d'être heurtée par le stick venant actionner l'épaule, chose qui se produit quelquefois lorsque la rêne de filet passe sous le petit doigt de la main droite.

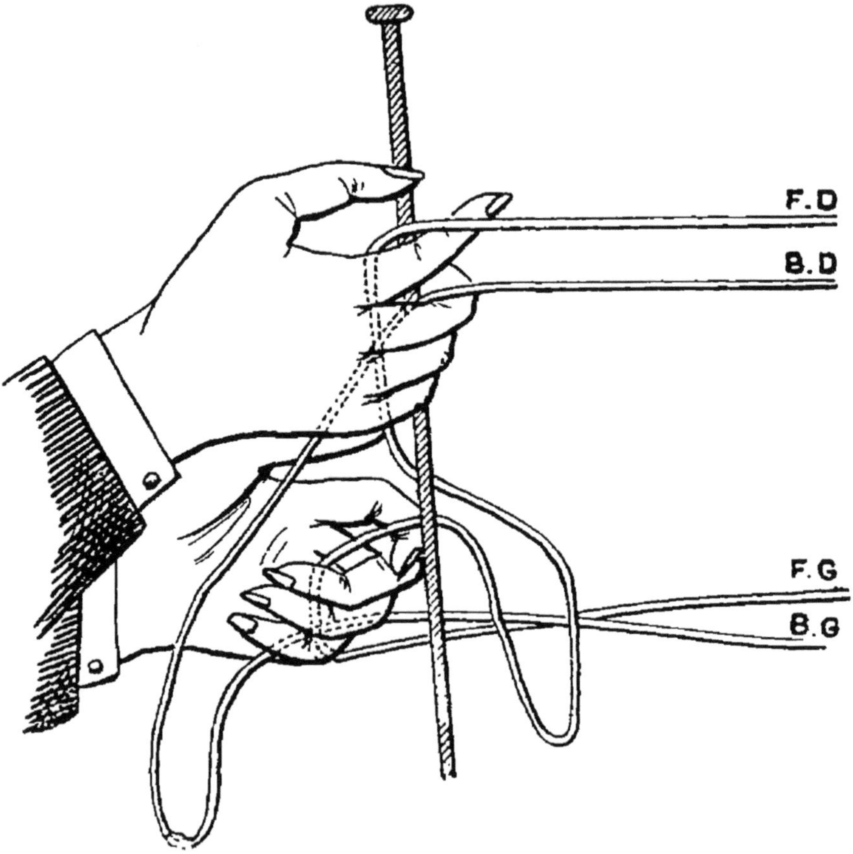

Fig. 5. — *Tenue des rênes pour le placer à droite (dressage)*.

F.D. — Rêne droite du mors de filet.
F.G. — — gauche — —
B D. — — droite — de bride.
B.G. — — gauche — —

Une autre variante à la tenue définitive des rênes est celle que j'utilise pendant les premières leçons du travail sur deux pistes. La main gauche est libérée des deux rênes de droite, qui sont prises par la main droite, celle du filet placée sur l'index, celle du mors entre l'index et le médius (fig. 5 et 6).

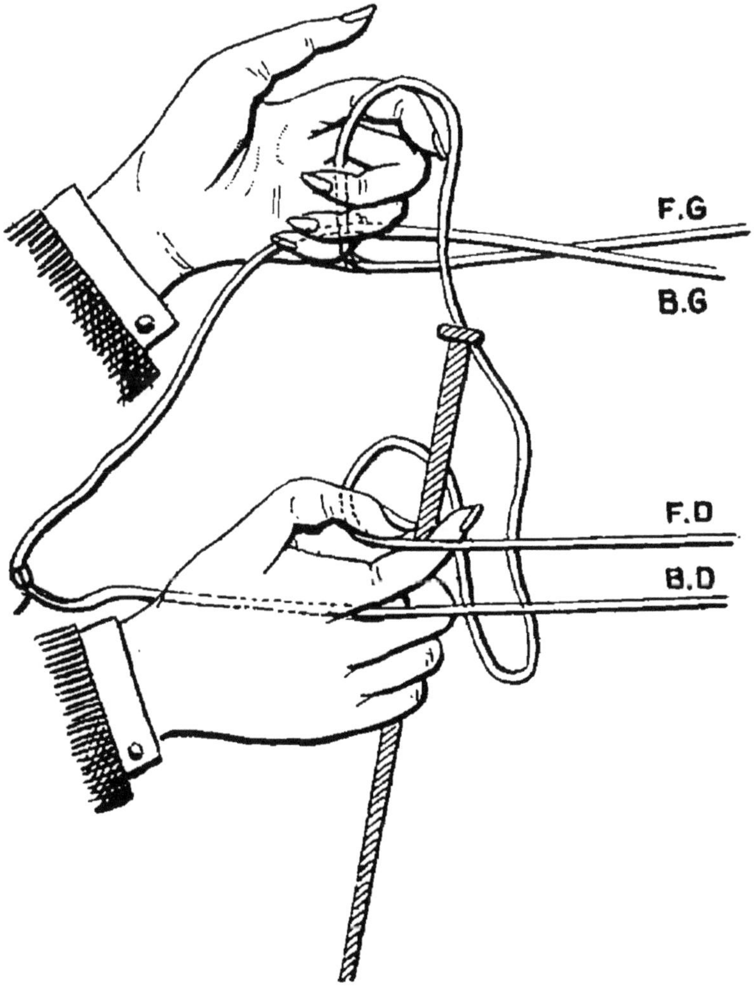

FIG. 6. — *Tenue des rênes pour le placer à gauche (dressage).*

F.D. — Rêne droite du mors de filet.
F.G. — — gauche — —
B.D. — — droite — de bride.
B.G. — — gauche — —

D'après ce qui a été dit, on remarquera que j'ai intentionnellement bien marqué qu'il n'y a jamais lieu d'arrêter les rênes, soit sur l'index à l'aide du pouce, soit par le resserrement des doigts. C'est ainsi que l'on aura la main légère, car presque toujours le poids des rênes posées sur les doigts suffit au cheval, alors que fixées, soit entre le pouce et l'index, soit par les doigts adhérents les uns aux autres, ces mêmes rênes produisent une action brutale, que les 5/6 des chevaux ne supportent qu'avec difficulté.

En résumé, je tiens les rênes la main ouverte, les doigts simplement ployés. Seul, le petit doigt de la main gauche est un peu serré, car l'action qu'il peut produire est très légère.

Dans son ensemble, la main gauche du cavalier simule la même main qui, chez un violoniste, est pla-

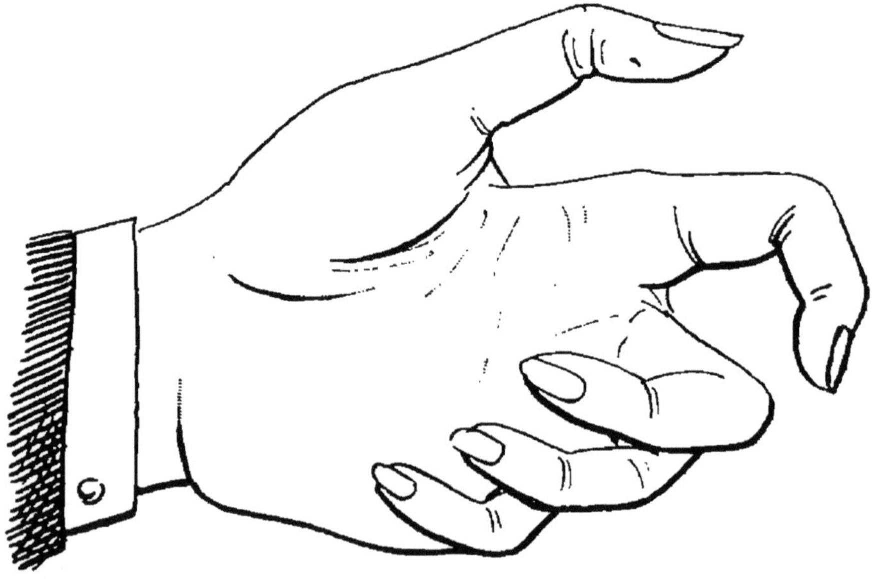

FIG. 7. — *Position des doigts de la main gauche pour obtenir la légèreté de la main.*

cée prête à appuyer sur les cordes de l'instrument, ou mieux, lorsque le petit doigt seul a commencé à se poser sur une des cordes (fig. 7).

Retenue des rênes. — D'après les diverses positions que j'ai indiquées, les rênes tiennent par leur propre poids et les diverses courbures qu'elles forment autour des doigts. Lorsqu'elles ont une tendance à glisser, les mouvements de bascule et de rotation des poignets (fig. 8 et 9), qui portent les pouces en avant

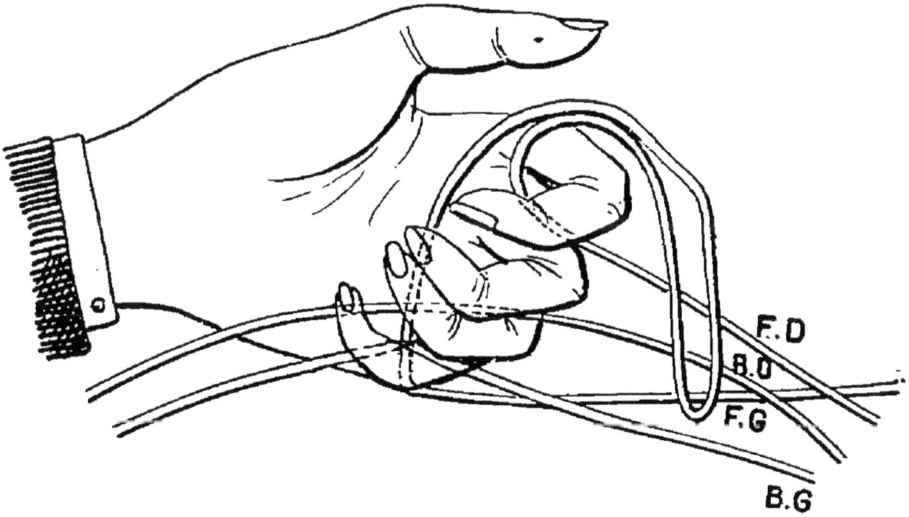

Fig. 8. — *Flexion en avant de la main gauche sur le poignet gauche pour raccourcir les rênes du côté gauche.*

F.D. — Rêne droite du mors de filet.
F.G. — — gauche — —
B.E. — — droite — de bride.
B.G. — — gauche — —

et en bas, puis de dedans en dehors, les autres doigts venant en dessus, suffisent à arrêter davantage les rênes, sans empêcher leur allongement, si l'animal l'exigeait par une descente de main.

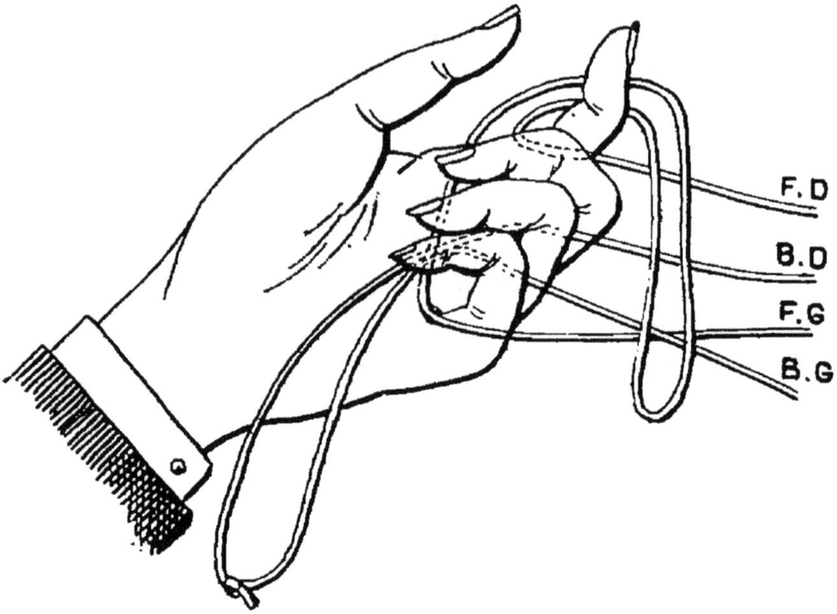

Fig. 9. — *Rotation de la main et du poignet gauche vers la gauche (raccourcissement de la rêne de gauche).*

F.D.	— Rêne	droite du mors de	filet.	
F.G.	— —	gauche	—	—
B.D.	— —	droite	—	de bride.
B.G.	— —	gauche	—	—

Reprise des rênes. — Le placer des rênes, sur les doigts non adhérents, a pour conséquence l'allongement fréquent des rênes. Leur raccourcissement se fait, dans la tenue normale, en plaçant la main droite les doigts en dessous, en avant de l'autre main, qui se retourne légèrement le pouce venant à droite. De cette façon, la rêne placée au-dessous de la main gauche vient au-dessus de l'index de la main droite, les autres rênes prennent ensuite respectivement leur place dans un des intervalles digités de la main droite (fig. 10). La cravache passe donc seule en dessous

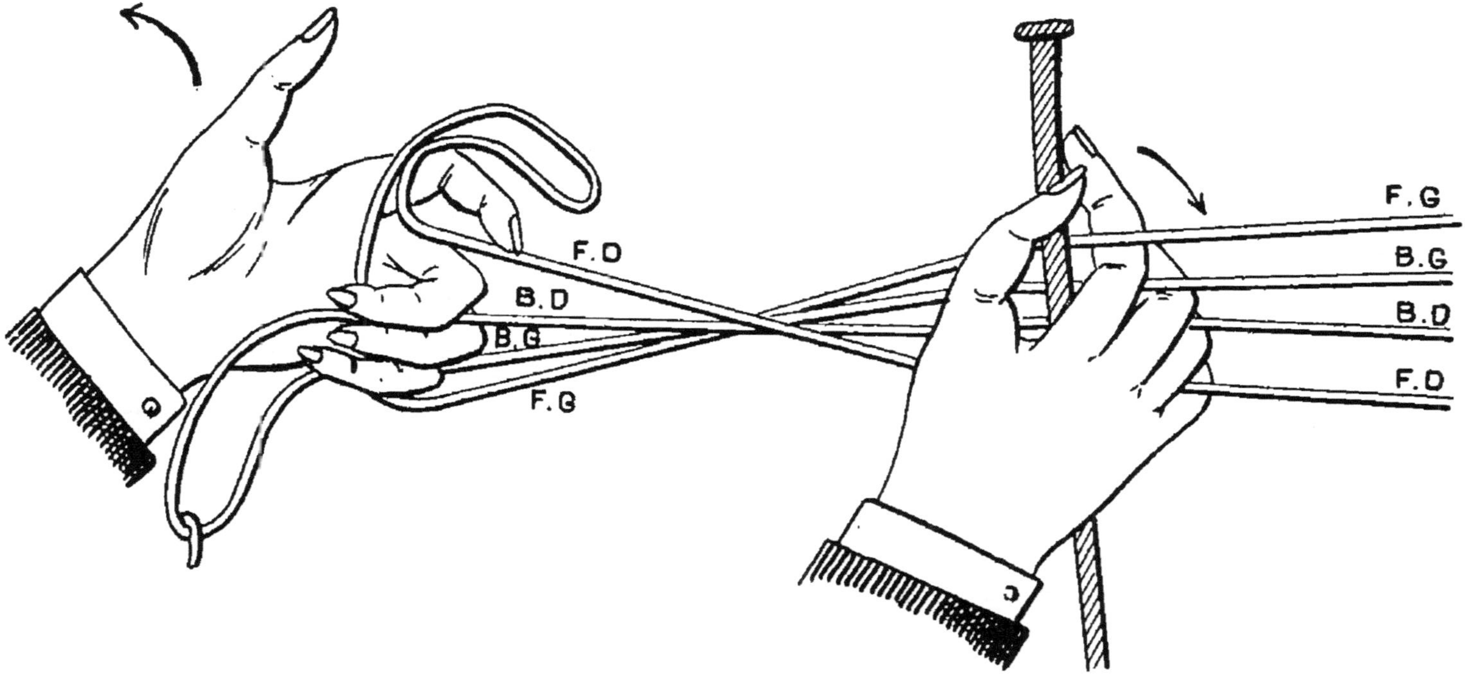

Fig. 10. — *Reprise des rênes par la main droite.*

Nota. — Les deux mains sont retournées après la reprise des rênes, suivant la flèche, dans le but de montrer la place de chacune des rênes.

F.D. — Rêne droite du mors de filet.
F.G. — — gauche — —

B.D. — Rêne droite du mors de bride.
B.G. — — gauche — —

du petit doigt de la main droite, lorsque celle-ci est vue le pouce en haut et tenant les quatre rênes.

La reprise de la main gauche se fait, en portant celle-ci en avant de la droite, de telle manière que chacune des rênes revienne à la place qu'elle doit occuper dans la tenue normale (fig. 1).

La main qui vient de reprendre les rênes doit pivoter sur le poignet, le pouce venant en dehors, les doigts non serrés, avant que l'autre main ne quitte les rênes. Cette reprise de rênes est toujours très douce, surtout si l'on n'agit que par les doigts, les poignets restant en arrière, sans déplacer les coudes du corps. Au contraire, un raccourcissement fait avec les doigts en dessous ou les poignets en avant est parfois mal accepté, puisqu'il oblige la main à se contracter, de peur de laisser choir les rênes; le poids du bras du cavalier se fait aussi sentir quand les coudes s'écartent.

On a la main dure également, si l'on saisit la queue des rênes d'une main, pendant que l'on fait glisser l'autre en avant. Il se produit dans ce cas deux à-coups sur la bouche du cheval; l'un quand on saisit les rênes en arrière, l'autre lorsque la main, qui s'est déplacée en glissade, arrive à la fin de sa course.

Si l'on utilise la tenue de rênes indiquée aux figures 3 et 4, le raccourcissement se fait en pinçant très légèrement, entre le pouce et l'index d'une main, la rêne de filet trop longue portée par l'autre main. Les rênes de mors n'ont presque jamais besoin d'être changées dans cette tenue du début du dressage.

La reprise des rênes, lorsque celles-ci sont placées comme dans les figures 5 et 6, a lieu comme dans la figure 10, dès que la main droite a replacé d'abord dans la main gauche les deux rênes qu'elle tenait.

Allongement des rênes. — Pendant le travail, je recommande de favoriser l'action directe d'une rêne, en laissant glisser toujours les rênes opposées au côté du mouvement. Quand celui-ci est terminé il arrive donc que : une ou deux rênes sur quatre ont trop de longueur. Il n'y a pas lieu de chercher à reprendre d'abord la ou les rênes longues, car on ne peut le faire sans heurt. Il est préférable de se contenter de reculer les mains en desserrant les doigts, pour obtenir l'allongement des rênes courtes. A ce moment, quand les deux rênes de filet d'une part, celles du mors de l'autre, ont la même tension, on fait une reprise totale des rênes, si celles-ci dans leur ensemble sont tenues trop longues. Ainsi, pendant un mouvement tournant à gauche, les rênes de droite s'allongent; à la fin du mouvement, en donnant plus de longueur aux rênes de gauche, l'animal se met en ligne droite.

Ma tenue de rênes exige donc de nombreux déplacements des mains. Loin d'être un inconvénient, ces divers changements, exigeant un desserrer répété des doigts, amènent un assouplissement des mains du cavalier, pendant que la bouche du cheval se décontracte grâce aux titillations fréquentes du mors sur la muqueuse des barres. L'animal *goûte donc très vite son mors* suivant l'expression consacrée, résultat que tous les traités d'équitation nous recommandent d'obtenir le plus tôt possible.

On peut aussi provoquer le mâchonnement d'un cheval contracté en laissant glisser en arrière les mains en frottement doux sur les rênes, pour les replacer ensuite en avant.

Le même fait peut encore se produire en fléchissant les uns après les autres les doigts de la main gauche, celle-ci restant en place, indiquant ainsi au cheval, ou le lui rappelant, que le desserrer des doigts est accordé.

Comment actionner les rênes. — C'est toujours sur un côté que je fais agir les rênes, soit par une traction directe, soit en fixant par les rênes le cheval d'un côté et le dégageant de l'autre, en laissant les rênes s'allonger. Je ne m'occupe donc pas de l'effet de la rêne d'opposition.

Au début, on conduit le cheval en dressage les rênes séparées (fig. 3, 4, 5, 6). L'action directe des rênes est alors obtenue facilement, soit en écartant les mains du corps du cheval, soit en les portant en bas, suivant le cas.

Plus tard, quand les rênes sont tenues normalement par la main gauche, la main droite seule sera assez libre pour commander directement à droite.

Pour faire sentir au cheval les rênes de gauche, ou le libérer de leur action, je me sers alors de la *rotation du poignet gauche*, pour que le bout du nez de l'animal se place toujours dans la direction vers laquelle le mouvement a lieu (fig. 8, 9, 11). Ainsi, par exemple, dans le tourner à droite, le commandement se marque en portant franchement les deux mains vers la droite. Le bout du nez du cheval se mettra en bonne direction, si la main gauche basculant en ar-

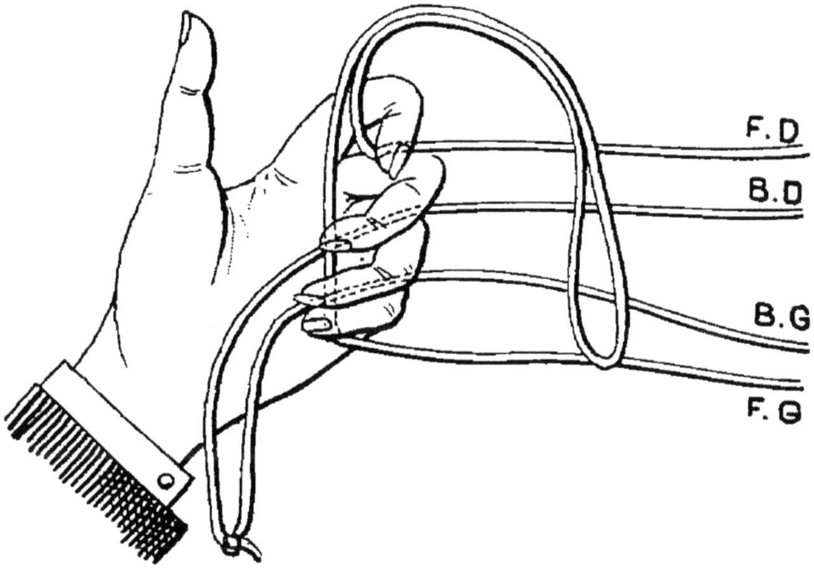

Fig. 11. — *Flexion en arrière de la main gauche sur le poignet gauche pour allonger les rênes du côté gauche.*

F.D. — Rêne droite du mors de filet.
F.G. — — gauche — —
B.D. — — droite — de bride.
B.G. — — gauche — —

rière sur son attache au poignet, le pouce venant de haut en bas et vers le corps du cavalier, les rênes de gauche peuvent s'allonger; au contraire, si le poignet gauche était simplement dévié à droite, il est assez commun de voir le bout du nez du cheval se dévier à gauche : dans ce cas, l'animal regarde du côté opposé à la marche, ce qui est vicieux.

Pour le tourner à gauche, le mouvement de bascule du même poignet doit se faire concurremment avec son déplacement vers le côté de la marche. Dans ce cas, les deux mains sont portées d'abord à gauche; on laisse ensuite la rêne droite du mors de filet s'allonger légèrement, par le desserrer de la main droite et de l'index de la main gauche. Le raccourcissement des rênes de gauche est alors obtenu par la bascule de la main gauche sur le poignet, le pouce reporté vers l'avant et en bas (fig. 8). Si l'action de la main gauche était insuffisante, une légère rotation en dehors (fig. 9), amenant les doigts en dessus, par conséquent le petit doigt plus à droite, raccourcira davantage la rêne gauche en opérant une plus forte traction directe (fig. 9).

Contact par les rênes. — Pour obtenir d'un cheval des mouvements réguliers, il est indispensable que la bouche de l'animal et la main du cavalier soient en rapport constant par l'intermédiaire des rênes. Celles-ci doivent donc toujours être tendues. Il n'est pas toutefois nécessaire qu'elles soient tirées en toutes circonstances.

En général, le cavalier doit d'abord tendre les rênes. Il actionne ensuite sa main, soit par le glissement des doigts sur les rênes si le cheval appuie peu, soit par le resserrement des doigts si l'appel par la bouche est plus fort, ou en opposant le poids des bras et du corps si le cheval l'exige.

Le principe est de tirer son animal comme il le demande et cela à chaque instant. Suivant la confiance du cheval envers la main de son conducteur, et suivant l'énergie déployée par l'animal, il y aura ou traction forte, ou action à peine sentie. Quand le poids des rênes est trop important pour la sensibilité de la bouche du sujet, la main, au lieu d'opérer une

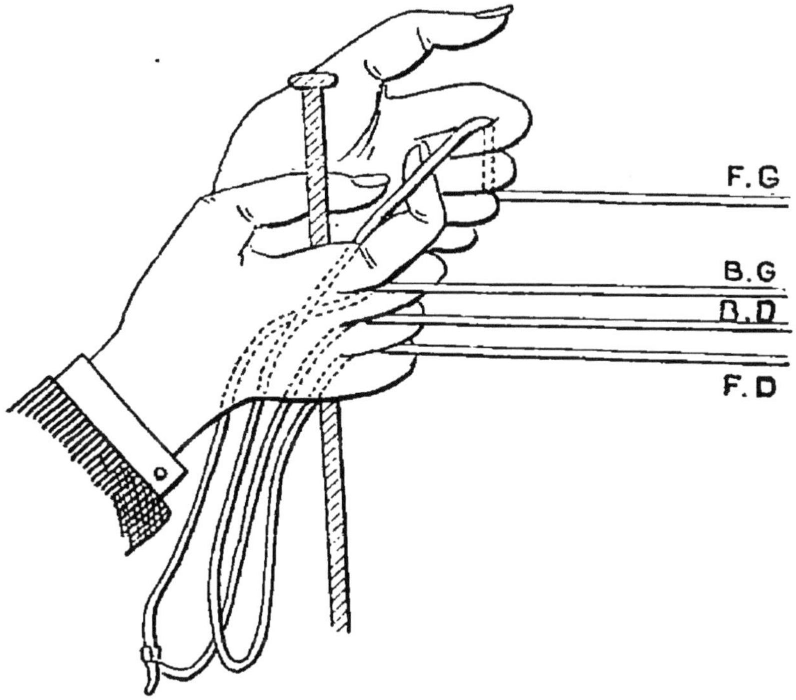

FIG. 12. — *Tenue des rênes dans la main droite, deux doigts de la main gauche sur la rêne gauche du mors de filet.*

F.D. — Rêne droite du mors de filet.
F.G. — — gauche — —
B.D. — — droite — de bride.
B.G. — — gauche — —

traction, doit au contraire chercher, en se soulevant, à soutenir les rênes et à alléger leur masse.

Lorsque le contact par les rênes est continu, toutes les indications seront facilitées et suivies d'exécution. On fixera une rêne et, en laissant allonger la rêne du côté opposé, la marche circulaire se produira aussi bien que si l'on avait tiré sur une rêne.

Il arrive souvent que l'on est dans l'obligation d'opérer une traction bien marquée pour réveiller la compression. Dans ce cas, l'action de la main ne doit jamais être brusque. Pour atteindre ce but, le cavalier doit chercher à soulever la tête du cheval et non s'efforcer de la tirer de côté. Les doigts de la main seront donc souples et agiront très doucement et progressivement sur les rênes, comme s'ils devaient éprouver la résistance des liens élastiques d'un appareil Sandow. Ainsi, il n'y aura pas d'à-coups produits vers les commissures des lèvres et sur les barres de l'animal.

Compression du cheval. — Après avoir dit quelques mots sur le contact à obtenir par les rênes, je n'insisterai pas davantage pour analyser comment on peut obtenir la compression.

Le rassembler cessera dès que l'on desserrera à fond les doigts, ou que ceux-ci glisseront en douceur sur les rênes vers l'arrière. Il deviendra seulement moindre, par les changements de main sur les rênes, ou par un desserrer réduit. Ce dernier effet pourra être utilisé, à maintes reprises, pour diminuer un appui trop fort sur le mors, ce qui allègera la fatigue des mains et des bras du cavalier.

Tout ce que je viens d'analyser est, à mon point de vue, d'une très grande importance. L'avantage réel qu'on retire en utilisant les diverses manipulations qu'il est possible de faire sur les rênes, c'est de rendre les chevaux confiants dans la main du cavalier.

J'ai pu d'ailleurs contrôler ma méthode sur le doigté, en faisant monter des chevaux délicats, même à des personnes ayant très peu fait d'équitation.

Tels sont les divers principes qu'il convient de mettre en pratique, si l'on veut mener rapidement le dressage des chevaux. Les résultats des expériences que j'ai tentées et renouvelées depuis longtemps m'encouragent d'ailleurs de plus en plus à faire connaître mes idées sur l'équitation, car j'ai toujours constaté que mes chevaux ne se sont jamais défendus.

III

Réprimande du cheval de selle. — Son intimidation.

Comme c'est dans les premières séances que l'on fait son cheval, il est de toute importance d'être ferme et doux dans les commandements, surtout à l'origine du dressage. Il n'y a pas lieu d'hésiter par conséquent : à élever brusquement la voix si c'est nécessaire, comme aussi à donner au cheval un coup de cravache en arrière de la selle ou un coup d'éperon si l'utilité s'en faisait sentir. Tout cela, en fixant hardiment le cheval dans l'œil, si l'on conduit l'animal en main; soit en s'enfonçant énergiquement dans la selle, si le sujet est monté et qu'on n'obtient pas de lui une attention ou une obéissance immédiates.

En agissant d'une façon énergique, je ne recommande pas de se montrer brutal. Il convient donc, c'est ce que je fais toujours, de faire suivre instantanément le châtiment ou l'élévation brusque de la voix, d'une intonation marquant la fin de la réprimande. Par un hô... là..., violent et prolongé, répété s'il le faut, mais prononcé immédiatement après que le ton qui a marqué la colère est fini, ou que le coup qui a châtié est porté, on doit faire comprendre à l'animal que l'on recherche en lui une soumission complète. Le hô... là... prononcé, ne pas hésiter à caresser instantanément et assez fortement l'animal. Rien ne surprend un cheval comme cette alternative brusque de châtiment et de caresse. Elle donne un résultat rapide, très marqué, car le sujet se montre vite attentif, beaucoup plus même que si l'on usait envers lui d'une douceur excessive.

Il n'est point besoin de dire que la punition à infliger aux divers animaux ne doit pas toujours avoir la même intensité. Un animal nerveux ne sera jamais cravaché comme un autre qui aurait un tempérament lymphatique. Certains demandent à être caressés plusieurs fois, sitôt que l'on a accusé par la colère la non-exécution du mouvement commandé.

Il faut se faire craindre des animaux; c'est le résultat que l'on doit rechercher. On doit y parvenir sans les rendre peureux ou fuyant l'approche du cavalier.

On évitera une brusquerie excessive; c'est donc avec un certain tact qu'il faudra accuser les défaillances qui pourraient être marquées par la force d'inertie ou l'inattention des sujets que l'on dresse.

Ce que je qualifie par l'expression « *accord des tempéraments* », par similitude avec l'accord des aides, est ce qui résume la méfiance du cavalier envers le cheval, la soumission et surtout la façon d'écouter de ce dernier vis-à-vis du premier. C'est l'accord des tempéraments qui doit être, avec le doigté, un des buts à atteindre au plus tôt, dès que l'on entreprend un animal en vue de le dresser.

DEUXIÈME PARTIE

DRESSAGE COMMUN A TOUS LES CHEVAUX

Dans cette deuxième partie j'exposerai le détail de la préparation des chevaux. Comme presque tous les sujets se comportent de la même manière pendant le dressage, je n'indiquerai que le travail normal à leur imposer. C'est au cavalier de juger par lui-même s'il est utile parfois de faire répéter, avant d'aller plus loin, les leçons mal acceptées ou mal comprises par les animaux. Certains chevaux, très rares toutefois, exigent qu'aux principes généraux il soit apporté de légères modifications. Celles-ci seront exposées au fur et à mesure, à moins que leur importance ne soit trop manifeste, auquel cas elles feront l'objet d'une étude particulière.

Ma méthode commune ne s'adresse qu'à des animaux relativement sages, c'est-à-dire à ceux qui, par leur façon de se comporter vis-à-vis du cavalier, peuvent être considérés comme attentifs et sont entrepris « *au point initial zéro* ». Les chevaux rétifs, délicats, ratés, etc., doivent être dressés au début sur des bases spéciales, avant d'être ramenés au point zéro. C'est cette catégorie de montures, avec déviation des aptitudes primitives, qui sera examinée attentivement dans la troisième partie de cette étude.

Ce que je qualifie de cheval à zéro c'est le sujet qui n'a jamais travaillé étant monté, c'est-à-dire sans mauvaises habitudes acquises au service de la selle, ou encore celui qui, ayant subi un semblant de dressage, porte son cavalier sans trop d'hésitation, sait marcher au pas sans affolement et peut être arrêté monté, restant tranquille. Les chevaux qui n'ont pas encore travaillé, à part quelques rares exceptions, peuvent facilement et après quelques séances seulement être amenés au point de départ zéro. Ceux qui ont déjà été montés, et qui ont acquis de mauvaises habitudes, exigent une semaine, quelquefois plus, avant de pouvoir être considérés comme parvenus à la période initiale de mon dressage. La façon de les entreprendre, qui est analysée dans la suite, n'occasionne pas inévitablement un retard trop important, car très souvent, dans la manière de les remettre au point, on utilisera certaines des indications contenues dans les premières leçons visant le dressage ordinaire.

Progression du dressage.

La progression que comporte ma méthode de dressage est établie suivant une série d'environ trente leçons, à apprendre aux animaux en une quarantaine de jours au maximum. Une personne ayant du liant peut arriver en moins d'un mois à faire exécuter à un cheval, par commandement régulier, la marche directe, l'appuyer, le pas espagnol, le passage, les départs et appuyers au galop, les changements de pied au galop.

Ma méthode ne présente rien qui ne soit facile à mettre à exécution; elle écarte tout truquage qui rappellerait le cirque. Elle utilise les autres méthodes d'équitation connues et enseignées par tous; aussi mes chevaux peuvent être montés par n'importe qui ayant une main légère.

Après la série des vingt premières leçons, il y a lieu de faire répéter journellement, pendant un mois encore, tous les mouvements enseignés au sujet dressé. De la sorte, au bout de quelques semaines, on commence déjà à avoir un cheval très agréable, présentable en public. On aura un animal de selle parfait en une soixantaine de jours (1).

Ma progression a l'avantage de préparer également le travail d'extérieur. Mes montures ont toujours sauté avant la fin du deuxième mois. Elles ne m'ont jamais accusé, les jours où je les travaillais au dehors, cette peur que l'on croirait ne pouvoir éviter chez des animaux trop utilisés au manège. On le verra dans la suite, par la main, je paralyse

(1) Nota. — Ma méthode s'applique aussi au dressage ordinaire des chevaux; les personnes qui ne désirent pas faire de haute école n'auront qu'à utiliser les quatre ou cinq premières leçons du dressage pour avoir n'importe quel cheval soumis et calme au bout d'une quinzaine de jours. Elle prépare rapidement la musculature des animaux, comme elle modifie aussi très vite leur silhouette.

les défenses, j'encadre mon cheval, qui ne cherche même pas à accuser la peur.

Leçon préliminaire ou préparation du cheval.

Il est nécessaire de préparer le cheval qui n'a jamais été monté, dès que l'on décide d'entreprendre son dressage. La seule précaution à prendre est d'ailleurs peu importante; elle consiste simplement à mettre une bride au cheval, sans la selle, à le promener au pas quelques instants tenu en main, autant que possible par le cavalier qui doit le monter.

Pendant la promenade, on s'efforcera de faire comprendre au cheval qu'il doit se porter en avant à la voix. On le fait marcher d'abord pendant que les rênes du mors de filet sont tirées en avant, puis les mêmes rênes tenues très lâches. De temps en temps, l'animal est arrêté; on le caresse hardiment sur l'encolure ou sur l'épaule, puis, par un appel de langue bref, on le décide au mouvement au pas. On se place vers le milieu de l'encolure à gauche, ou au niveau de l'épaule du même côté, faisant presque face à cette région. De cette façon, la main droite, armée de la cravache, peut, à l'aide de celle-ci, appliquée en arrière vers les dernières côtes, décider la détente en avant si l'animal résistait. Il ne faut pas hésiter à demander au cheval de nombreux départs en peu de temps, et ce n'est qu'après avoir constaté que les commandements sont suivis d'exécution, sans affolement de la part du sujet, que l'on remet celui-ci à l'écurie.

Une séance d'un quart d'heure en général suffit pour tous les individus. Il y a lieu de tenir compte, en effet, que nos chevaux ont pris, dès leur bas âge, l'habitude d'être conduits en main, comme ils supportent aussi, pour l'avoir porté bien des fois, un mors de filet ou un mors de bride dans la bouche.

Si l'on avait affaire à un cheval trop irritable, ou qui, depuis longtemps, ne serait pas sorti de l'écurie, il conviendrait, avant de procéder à la séance du départ pied-à-terre, de mettre l'animal à la longe pendant une dizaine de minutes pour lui permettre de lâcher son feu. Une énergie trop condensée, présentée par un cheval, n'est jamais utile dans le travail; au contraire, elle peut être nuisible si le cavalier ne sait pas en tirer profit à propos et dans le vrai sens.

Cette séance préliminaire du départ pied-à-terre peut être supprimée dans bien des cas; elle n'est pas à négliger toutefois, car elle permet de se faire connaître à l'avance de sa monture.

Première leçon.

Le premier jour que l'on monte un cheval il importe de choisir son harnachement et de le bien ajuster ensuite sur l'animal. Il sera toujours préférable que le cavalier utilise la selle dont il a l'habitude de se servir et qui est faite à son assiette; il en est de même de la bride, dont les rênes sont connues de sa main.

Je recommande la bride et non le bridon dès la première leçon. Je pars de l'idée que les animaux s'habituent volontiers à nos manières; par conséquent, qu'il est inutile d'essayer la conduite en bridon d'abord, pour avoir dans la suite à faire usage d'une bride complète. Au moment du changement d'embouchure, il n'est pas rare que des animaux deviennent quinteux, chose qui est beaucoup plus mauvaise à une certaine période du dressage qu'au début, à cause de l'énergie acquise à la longue par les chevaux.

L'utilisation du mors de bridon a aussi deux inconvénients sérieux : le premier, de procurer à l'animal l'occasion répétée de porter au vent; le deuxième, de donner à la main du cavalier une fermeté contraire au doigté équestre. J'ai toujours monté, même le premier jour, tous mes chevaux, quels qu'ils soient, en bride anglaise complète avec fausse gourmette.

La bride doit être bien ajustée. Il convient surtout de faire attention à ne pas trop raccourcir les montants auxquels sont attachées les branches du mors de bride. Le mors de filet doit également ne pas être trop tendu et être assez libre dans la bouche du cheval; ses deux canons ne devront donc jamais former un angle trop marqué au point où ils s'articulent entre eux et ses anneaux ne devront pas serrer les commissures des lèvres.

La selle sera placée sur le dos de l'animal avec précaution. Le sangler se fera progressivement et non du premier coup, car il vaut mieux, pour éviter de rendre rétifs les chevaux, faire agir peu à peu la pression au passage des sangles.

Une bonne façon de procéder est la suivante : le cavalier, tenant son cheval par les rênes de filet, celles du mors étant placées sur l'encolure, fait faire quelques pas à l'animal après l'avoir très légèrement sanglé; il l'arrête, remonte les sangles d'un trou, puis recommande un départ. Il recommence ainsi jusqu'au moment où il constate que la selle est suffisamment liée à l'animal. Le mieux est de faire le trajet qui sépare l'écurie du manège en procédant comme je viens de le dire. On peut aussi conduire le cheval dans un manège ou dans une carrière et là seulement on lui met la selle.

Le harnachement ayant été bien vérifié, on promène l'animal sur un tour ou deux de piste dans le manège, en le tenant par les rênes de filet, le cavalier marchant au niveau de l'épaule du sujet. On habitue ainsi le cheval à la piste, au contact des étrivières et des étriers, au bruit de froissement du harnachement.

Monter à cheval. — Jusqu'ici, le cavalier a évité de se servir d'un aide pour procéder à la préparation de son cheval. Il a parlé à celui-ci, l'a caressé, l'a commandé, a commencé à se familiariser avec lui. Pour monter à cheval, il faut également qu'il agisse seul : c'est la meilleure façon de ne pas avoir d'à-coups au départ, car le sujet en dressage ne portera son attention que sur une seule personne à la fois.

On se mettra en selle de la façon suivante : dans le manège à main gauche, le cavalier à la gauche de son cheval; les rênes du mors de bride seront simplement posées sur l'encolure; les rênes correspondant au filet seules seront prises dans la main gauche, entre le pouce et l'index, ou mieux séparées par le médius. Une fois les rênes ajustées et de longueur égale, on saisit une mèche de crins entre le pouce et l'index de la main gauche si les rênes sont au centre de la main; on enroule le médius dans la mèche de crins si les rênes sont pincées entre le pouce et le premier doigt. De la main droite, on tire ensuite sur l'étrivière gauche. Si l'animal bougeait trop, se traversait, se mettait en cercle, on fixerait sa tête à l'aide de la rêne droite de filet. Pour cela, on porte la rêne droite de filet assez haut sur l'encolure, très près de la parotide même, et on tire fortement de la main gauche par en bas. Cette traction sur une seule rêne finit par dévier le nez de l'animal sur la droite; l'encolure se tord depuis sa base jusqu'à son sommet, et il se produit une surcharge assez forte sur l'épaule gauche qui finit par devenir immobile. C'est ce que j'appelle *piqueter l'épaule gauche au sol.* Aussitôt après, de la main droite on flatte le cheval sur les reins, vers la croupe, sous le ventre; la même main opère ensuite une traction sur la selle en tirant sur l'étrivière de gauche.

On laisse glisser la rêne pour recommencer, jusqu'au moment où l'on constate que l'animal est soumis, qu'il présente un certain calme. Dès lors, on ajuste les rênes du mors de filet et on met le pied gauche à l'étrier, en exerçant quelques pressions sur celui-ci, de façon à simuler l'enlever sur l'étrivière. On lâche à nouveau l'étrier, on laisse allonger les rênes, on commande un départ à la voix, puis on caresse l'animal. On recommence le même essai à deux ou trois reprises, puis on se met en selle sans à-coups, en s'appuyant autant que possible de la main droite sur le pommeau de la selle. Cette manœuvre permet de se placer plus doucement sur le dos de l'animal que si l'on saisissait le troussequin par la même main. On desserre les doigts sur lesquels passent les rênes, aussitôt que l'on a pris le contact avec le fond de la selle. On prend vite l'étrier droit si possible et on laisse partir au pas.

Il ne faut jamais arrêter un départ franc, sous le prétexte que l'étrier droit ne serait pas chaussé par exemple. Il est prudent également de passer l'étrier droit au pied correspondant avec la main droite, aussitôt que celle-ci a quitté le pommeau de la selle. On n'expose pas ainsi le cheval à s'affoler, ce qui pourrait se produire par un heurt du talon ou de la jambe du cavalier, quand celui-ci recherche l'étrier avec son pied.

Les précautions au montoir, dont je viens d'expliquer le détail, sembleront peut-être inutiles. Pourtant je les recommande d'une façon expresse pour tous les chevaux, vu le résultat qu'elles donneront. Elles ne compliqueront guère le travail du début, car elles demandent, en y réfléchissant un peu, bien plus de temps à les décrire qu'il n'en faut pour les mettre à exécution. Même un sujet docile devra être abordé et monté pour la première fois avec sagesse et méfiance; de la sorte, on n'aura jamais de déboires.

Je renverrai le lecteur à la première partie de ce travail, pour les recommandations qu'il est utile de mettre en pratique lorsqu'il s'agit d'imposer sa volonté à un cheval donné. Nous allons continuer par le travail proprement dit que comporte la première séance du dressage.

Le cavalier s'est mis en selle, l'animal est parti au pas, après que l'on a laissé les rênes s'allonger légèrement. La main du cavalier sera prête seulement à soulever la tête du cheval en temps voulu, si la marche en avant s'effectuait par bonds violents. Si le cas se produisait, il faut se garder toutefois d'arrêter toute l'amplitude de l'impulsion, car la détente vers l'avant doit toujours être obtenue après la compression au montoir; aussi on se borne, en assujettissant son assiette, à modérer simplement des sauts par trop brusques, exécutés avec trop d'ardeur. Chez certains chevaux, on doit agir en sens contraire; l'action de la main doit rester nulle ou à peu près, alors que les jambes devront se mettre au contact pour fixer le ressort en arrière; c'est le cas pour des animaux chez lesquels la marche se fait à une allure insuffisante et qui, très sensibles de bouche, se mettent en compression par le seul poids du mors et des rênes. On doit stimuler les sujets en arrière de la main sans à-coups, soit en resserrant le genou ou, mieux, en imprimant quelques secousses légères sur la selle, tandis que le mollet est légèrement remonté en arrière.

Pendant les premiers pas, la rêne gauche du mors de filet sera un peu plus tendue que la rêne droite, pour favoriser l'animal en le commandant dans ses habitudes. On doit se rappeler, en effet, que le cheval parvenu à un certain âge est gaucher, car il a été depuis sa naissance presque toujours conduit du côté gauche, comme il a été abordé du même côté à l'écurie, plutôt que sur la droite.

C'est ce qui explique pourquoi je recommande de marcher à main gauche en débutant, en prenant toutefois le soin de plaquer la rêne gauche sur l'encolure, le poignet gauche porté légèrement à droite, pour charger l'épaule droite du cheval et maintenir ainsi celui-ci en marche directe sur la piste.

Quelques appels de langue, faits à la suite de légères pressions de jambe, ou après qu'il a été donné quelques petits coups de cravache sur l'épaule droite, permettront d'activer le pas si l'allure était par trop retenue.

Je cherche dès les premiers jours à faire travailler les animaux dans le maximum de calme. Aussi, c'est l'allure du pas qui sera surtout prise, combinée avec un peu de trot très lent.

Après le départ au pas et à main gauche, les rênes tenues comme je l'ai décrit précédemment (fig. 3 et 4), on fait partir l'animal au petit trot, en utilisant autant que possible l'appel de langue ou l'appui de la cravache sur l'épaule droite. On évitera donc tout d'abord de se servir des jambes. Leur contact, inconnu encore du corps de l'animal, a souvent pour résultat de saisir le cheval et de provoquer chez lui une sorte de raideur, se traduisant par un pas de trot ou deux exécuté en *saut de pie.* Cette fausse allure a une répercussion immédiate vers la bouche, non habituée à être tenue, et l'animal s'affole, baisse son garrot, relève la tête, plaçant celle-ci en position qui abandonne le mors.

Autant que possible, il vaut mieux pousser l'allure par des secousses légères sur la selle, autrement dit par l'assiette. Il ne faut pas hésiter également, si cela est nécessaire, à se pencher légèrement en avant, pour baisser tant qu'on le pourra les deux mains ou une seule. Par la voix, on détermine très bien l'impulsion en avant. Au fur et à mesure que l'allure du trot devient plus franche, on resserre progressivement les jambes, en évitant surtout de relever les mains. Lorsqu'on sent que le contact du mors de filet s'effectue bien dans la bouche, on caresse l'animal sur l'encolure, à l'aide de la main droite promenée vers la crinière, pendant que la main gauche tient toujours sa rêne de filet basse ou plaquée. On parle très souvent à sa monture; de temps à autre, on fait produire une foulée ou deux de trot plus allongé, à la voix ou à la cravache, suivant ce que l'on considère comme mieux en rapport avec le caractère du sujet.

Le temps de trot est pris pendant deux ou trois tours de manège, puis l'on met au pas, en opérant une légère traction des rênes et en caressant le sujet.

Progressivement, on laisse allonger les rênes, la droite d'abord, puis la gauche. Dès que la rêne droite est légèrement libre, on promène l'extrémité du gros bout de la cravache sur le bord de la crinière, de la tête vers le garrot. Par ce contact, il arrive souvent que l'animal, prenant le pas sur la rêne gauche légèrement tenue, allonge son encolure et fait une *descente de main*. Il ne faut jamais oublier dans ce cas de caresser immédiatement le cheval.

L'allure du pas est conservée pendant quelques tours de manège. Durant ce temps on joue avec les rênes pour obtenir encore quelques plongées de tête; on utilise s'il le faut la cravache comme il a été dit.

Si l'on a procédé avec tact, des descentes de main peuvent être produites avec facilité; aussi on peut commencer, après quelques minutes, à actionner les rênes, l'animal n'ayant plus d'appréhension pour abaisser sa tête quand bon lui semble.

Dès ce moment, on commande un *doubler* à main gauche. Pour cela on porte légèrement le poignet gauche vers le centre du manège. Pendant ce temps la main droite n'opérant aucune traction sur la rêne qu'elle soutient se porte en avant de l'épaule droite. Laissée presque libre, cette main est utilisée à caresser le cheval si l'obéissance est immédiate, ou à pousser l'encolure vers la gauche, dans le cas où le mouvement est indécis ou lent à se produire. Au commencement de l'exécution du doubler, les jambes du cavalier sont restées dans une position normale, franchement d'aplomb. Le seul fait d'écarter la main gauche de la ligne médiane a déplacé suffisamment l'assiette du cavalier pour que sa jambe gauche soit descendue, et que celle du côté droit se place d'une façon telle que le train postérieur de l'animal n'ait aucune tendance à se porter en dehors du cercle.

Le mouvement de doubler à gauche est répété plusieurs fois, à quelques secondes d'intervalle. On commande alors un *changement de main* au pas.

Dès qu'on est à main droite, on essaie de placer le bout du nez du cheval vers le centre du manège. Si en ligne droite on n'y parvenait pas, on chercherait à faire produire la rotation de la tête d'une façon exagérée dans un des tournants, la main droite tenue très basse, la main du côté opposé portée très en avant, cédant la rêne de filet et s'appuyant sur l'encolure. Ayant effectué un tournant la tête ployée, l'animal se laissera actionner par la rêne droite; on lui fera donc exécuter un doubler à droite.

Dans toutes les circonstances il ne faut pas oublier surtout de parler à sa monture sur un ton franc, peu élevé, et de la caresser après chaque mouvement exécuté.

Après quelques tourner à droite, on partira à l'allure du trot à main droite. Les mêmes recommandations données plus haut, pour le départ au trot à gauche, doivent être observées. Par conséquent, s'il le faut, on laissera trotter l'animal tenu sur la rêne gauche tout d'abord, la rêne droite ne se faisant sentir que vers les tournants, à la condition de porter la main qui tient cette rêne très basse.

Pour des sujets légèrement braqués, il faut allonger le bras droit de toute sa longueur, prendre la rêne droite de filet très en avant, le plus près possible de la bouche, pour amener le bout du nez vers le genou droit du cavalier.

Lorsqu'on aura fait exécuter quelques tours de manège au trot à main droite, à une allure très calme, on mettra de nouveau l'animal au pas. Immédiatement, on lui fera faire des descentes de main, des doubler, des changements de main au pas.

Tous ces mouvements seront commandés, autant que possible, par la rêne directe tenue basse, la rêne opposée sans action aucune, la main qui la supporte très portée en avant. Dans le mouvement de torsion de l'encolure, cette région sera toujours suffisamment maintenue par la rêne opposée; il n'est donc pas besoin dès les premiers mouvements de produire *une poussée* par cette rêne. En le faisant, on pourrait sans le vouloir arrêter le mouvement en avant, par la fermeture dans la bouche des deux branches du mors de filet; or, celui-ci doit être toujours maintenu le plus droit possible au début.

En général, une demi-heure au plus suffit à un cheval, pour qu'il soit possible d'obtenir de lui, par les procédés que j'indique, certains tourner et doubler à l'allure lente.

On commence alors sur la piste à faire exécuter au pas des *flexions de tête*. Elles sont faciles à produire, car, commandées sur une seule rêne, elles rappellent au cheval le commencement du mouvement doubler. Elles varient en ce sens, c'est que tout aussitôt que le bout du nez de l'animal est dévié par la traction directe, la rêne qui a provoqué l'incurvation de l'encolure doit être plaquée et appuyée sur celle-ci, le plus haut possible. On cherche ainsi à obtenir une rotation de la tête sur l'articulation atloïdo-occipitale et un pivotement de la mâchoire inférieure au niveau de son attache.

Les flexions de tête, telles que je les préconise, se font des deux côtés et indifféremment, soit sur la marche à main droite, soit sur la marche à main gauche. Le relever de la main, pour appuyer la rêne sur l'encolure, provoque un mouvement du corps du cavalier, qui tend à fixer suffisamment l'appui de la jambe opposée.

Il arrive quelquefois que les animaux surpris se traversent, croyant être commandés pour exécuter un demi-tour. On les calme de la voix, on les caresse et on recommence le mouvement.

Les flexions de tête ont un avantage sérieux : c'est de produire d'emblée chez le cheval une docilité réelle. Elles facilitent aussi l'action du mors à bref délai; les canons du mors de bride glissent sur les barres, pivotent en douceur dans la bouche, la gourmette roule sur le menton pendant les mouvements latéraux de la tête, aussi l'animal finit par supporter une embouchure un peu dure avec une extrême sagesse. A un cavalier ayant une main légère, il est très aisé de se rendre compte de ce que j'avance; il pourra, comme cela m'arrive neuf fois sur dix, obtenir dès la première séance des flexions de tête et des doubler, à l'aide des deux rênes (mors et filet) tirées du même côté.

Après les mouvements de tourner à droite et à gauche et les flexions de tête, il est très facile de faire exécuter à l'animal la marche circulaire aux deux mains. Comme je l'ai spécifié au sujet du doubler, on déterminera le cheval à s'engager sur le cercle, à l'aide de la rêne directe autant que possible, les jambes n'exerçant aucune pression sur aucun des deux côtés. Elles devront tomber naturellement et être posées simplement près des sangles; de la sorte, toute déviation du corps du cavalier suffira à les placer pour qu'elles agissent dans le vrai sens.

Le cheval a déjà été engagé la tête déviée sur une portion d'arc de cercle, dans les doubler ou les tournants du manège; il se laissera aller sans difficulté à exécuter une *volte complète*. Le mouvement sera fait au pas et aux deux mains. Il arrive souvent que les mouvements de volte ne sont pas d'une régularité absolue. Le tracé de la piste suivie par l'animal représenté plutôt une figure polygonale qu'une courbe. Cela tient surtout à ce que le cheval non encore habitué marche sur le cercle par saccades. Il effectue ainsi une série de doubler ou de tourner.

Il ne faut point attacher de l'importance, au moins les premiers jours, à la régularité de la marche circulaire; le cheval se montre hésitant, craint de croiser ses jambes, parce qu'il sent le poids du cavalier mal réparti sur le dos. Il cherche aussi à éviter de s'incurver pour ne pas s'appuyer sur les jambes du cavalier. Enfin, certains animaux se traversent légèrement, à cause du peu de musculature de leur rein, de la faiblesse de leurs jarrets, ou parce qu'ils ne savent pas encore porter leur charge.

Les voltes seront faites au pas. Celles qui seront exécutées à main gauche pourront être plus serrées que celles que commandera la main droite. En rappelant que l'animal est gaucher, on s'expliquera pourquoi la volte sur la droite sera moins facile à obtenir. Dans le but d'équilibrer le cheval, il conviendra, dès que l'on aura commencé la marche sur le cercle, de lui demander environ deux voltes à droite pour une à gauche.

Concurremment aux mouvements que je viens de décrire, j'utilise également, à l'origine du dressage, le déplacement de l'animal sur la *serpentine*, pour obtenir un assouplissement de la tête et de l'encolure réunies. Il peut arriver que les flexions de la tête soient mal acceptées par certains sujets. Le cavalier aussi peut se trouver dans l'obligation d'utiliser comme montures des chevaux à encolure courte, contractée, ainsi que cela se rencontre par exemple dans la race tarbaise. La serpentine, dans ces deux cas, rendra de réels services. Pour qu'elle donne satisfaction à bref délai, voici le détail que je suis arrivé à donner au commandement du mouvement.

On part en doubler sur le petit côté du manège. Quand le cheval a fait quelques pas en avant, on porte une rêne, la gauche par exemple, en dehors et en bas, pendant que la rêne droite laisse l'encolure libre de se ployer. Lorsque l'animal s'est engagé sur la volte, on change de côté. Pour cela, la main droite se baisse légèrement, pendant que le bras gauche du cavalier se porte en avant. Il faut, autant que possible, que le nez du cheval soit placé assez bas lorsqu'on exige le changement de côté et celui-ci doit se produire sans que la tête de l'animal se relève brusquement. Le résultat est obtenu, lorsque l'encolure est déjà bien placée pour la marche en cercle, celle-ci s'effectuant le cheval ayant la tête basse, ou, mieux, faisant des descentes de main.

Aussi, quand on tombe sur un animal un peu difficile, accusant beaucoup de raideur dans son avant-main, il ne faut pas hésiter à modifier le tracé de la piste à lui faire suivre. C'est ainsi qu'au lieu de décrire une serpentine régulière en marchant, le cheval est commandé sur une piste en forme de 8 tout d'abord, laquelle est modifiée peu à peu, pour arriver à la serpentine proprement dite.

Le cavalier ne doit pas oublier surtout d'accorder le plus de longueur possible aux rênes pendant ce mouvement. De la sorte, la décontraction a lieu rapidement. Le cheval conduit les rênes longues, ayant sa mâchoire mobilisée des deux côtés, à intervalles serrés, finira donc par faire des descentes de main dans chacun des arcs de cercle dont est composé le tracé de la serpentine.

Il faut toujours alterner les mouvements qui viennent d'être mentionnés. Le cavalier doit aussi exiger de son cheval la répétition d'un mouvement antérieurement fait, après chacun des nouveaux qu'il cherche à lui apprendre.

Le cheval jusqu'ici a été engagé au trot aux deux

mains, comme aussi au pas sur le tourner, sur la volte, sur la serpentine; on lui a demandé quelques flexions de tête.

Tout ce travail semble un peu compliqué pour un début. J'estime qu'il n'y a pas lieu d'hésiter à apprendre beaucoup à la fois au cheval. Plusieurs mouvements, s'ils sont commandés avec douceur, arrivent plus vite qu'un seul à décontracter un cheval. Celui-ci ne se défendra pas les jours suivants, puisque la courbature que fera naître le travail sera répartie sur un plus grand nombre de muscles et non sur quelques-uns seulement. En adoptant la pluralité des commandements, on verra aussi les sujets en dressage moins méfiants et on obtiendra à bref délai l'assouplissement de leur balancier (tête et encolure).

Je ne suis pas partisan, ainsi que certains le recommandent, de décontracter mes animaux par l'allure allongée. Aussi pendant la première leçon, comme dans les suivantes, j'utilise beaucoup l'allure du pas qui donne confiance au cavalier et au cheval. Le trot ralenti, les rênes assez libres, est pris seulement de temps à autre, toutes les dix minutes par exemple, sur un ou deux tours de manège au plus.

Vers la fin de la séance toutefois, lorsqu'on a jugé suffisant le travail au pas, il faut toujours commander aux chevaux un peu d'allure allongée. Le départ au trot s'étant effectué sagement, on pousse la monture avec énergie, on serre les jambes par moments pour mieux limiter la compression.

Une allure un peu vive ne nuit en rien sur la fin de

l'exercice, car le cheval connaît mieux son cavalier et la bouche se laisse mieux actionner par le mors. On profitera donc du trot allongé pour commencer à habituer l'animal aux jambes, donnant hardiment en arrière, au fur et à mesure que l'on sentira le cheval tirer légèrement à la main.

A ce moment-là on pourra replacer les rênes dans la main gauche, où on les tiendra comme dans la tenue ordinaire à l'allemande. Les rênes du mors de bride seront légèrement raccourcies, mais leur extrémité ne sera pas remontée sur l'index (fig. 1) : on la laissera dirigée en arrière et en bas.

Après un certain temps de trot allongé fait d'un côté du manège on mettra au pas. On changera de main pour recommencer l'allure vive du côté opposé. Le passage du trot au pas se fera par ralentissement progressif de l'allure; le cavalier assurera son assiette et actionnera un peu la main par en bas; si c'est nécessaire, on séparera les rênes, pour que les mains puissent se baisser davantage.

On laissera marcher au pas pendant quelques mètres, les rênes tenues, et on arrêtera son animal sur la piste à main gauche, après l'avoir caressé. On mettra pied à terre, en abandonnant auparavant les rênes correspondant au mors de bride. Pour *descendre de cheval*, le cavalier aura soin de pirouetter en douceur sur l'étrier gauche; il regardera toujours la tête de l'animal, s'affermira s'il le faut de ses mains à la crinière et sur le troussequin, restant quelques secondes juché sur l'étrier avant de poser son pied droit sur le sol. Une fois à terre, il devra caresser son cheval vers l'épaule, sur l'encolure et sur le chanfrein, tout en lui parlant sur un ton assez doux.

Le cavalier remontera de nouveau à cheval, en prenant exactement les précautions qui ont été énumérées au début de cette leçon (pages 47 et 48). Il remettra pied à terre sagement, après avoir laissé marcher le cheval au pas pendant quelques mètres.

Avant de rentrer l'animal à l'écurie, il sera bon de le conduire au centre du manège, où il se laissera monter, si jusqu'ici il n'a pas été brusqué. Dans le cas où le cheval ne voudrait pas rester immobile, on l'obligerait à surcharger son épaule gauche par le placer exagéré de la rêne droite, comme je l'ai dit au paragraphe « monter à cheval ». On descendra de cheval au milieu du manège, presque aussitôt après s'être mis en selle. Dès lors, il ne restera plus au cavalier qu'à conduire son animal vers la porte du manège ou de la carrière, où il lui fera exécuter, tenu en main, deux ou trois voltes à droite et à gauche, avant de le faire sortir.

Cette dernière précaution a surtout pour but d'empêcher le cheval de s'arrêter à la sortie, au cours de chacune des séances qui suivront.

Telle est la première leçon du dressage du cheval.

En résumé, au cours de cette séance, sorte de débourrage, le cavalier aura fait esquisser à son cheval au pas : la marche directe, le tourner, la volte, les flexions de tête, la serpentine. Il l'aura fait marcher au trot ralenti et allongé, aux deux mains, lui apprenant la leçon du montoir, l'habituant à supporter une sangle assez tendue.

Cette première leçon durera à peu près une heure; quarante-cinq minutes environ seront nécessaires pour le travail proprement dit :

Cinq minutes pour le trot à gauche;

Cinq minutes de repos;

Dix minutes pour les tourner aux deux mains;

Cinq minutes pour le trot à droite;

Quelques minutes pour les flexions de tête;

Dix minutes pour les voltes;

Cinq minutes pour la serpentine;

Cinq minutes pour le trot allongé exécuté aux deux mains.

Dans le temps ainsi résumé sont comprises les périodes du repos accordé au cheval, soit après un ou deux mouvements faits au pas, soit après l'allure du trot. Pendant les repos, l'animal sera laissé sur la piste marchant en ligne directe, les rênes assez libres, souvent caressé.

Deuxième leçon.

La deuxième leçon sera donnée au cheval dès le lendemain de la première, ce qui permet de profiter de la soumission que l'on aura déjà obtenue de lui le premier jour.

Tout d'abord, comme la veille, le cheval sera sellé avec précaution. L'opération se fera soit à l'écurie, soit à l'extérieur, en resserrant peu à peu les sangles. Le cavalier, lorsqu'il aura senti que son animal est calme, pourra essayer la leçon du montoir au centre du manège. Généralement, le cheval se laissera monter en dehors de la piste, puisque la veille, il aura été initié à ce travail.

Après l'avoir fait partir au pas, les rênes un peu longues, comme le jour précédent, le cavalier fera marcher le sujet à l'allure lente, pendant un ou deux tours et en ligne directe. Il profitera de ce temps pour exiger de lui quelques descentes de main. Celles-ci pourront être obtenues, comme il a été dit précédemment, par la traction sur une seule rêne de filet.

Le départ au trot sera ensuite demandé sans affolement.

Il m'arrive, pour avoir mes chevaux en compression régulière dès le deuxième jour, d'utiliser l'allure du pas allongé et sur une descente de main assez forte, de provoquer le départ au trot. On fixe donc moelleusement les rênes, on resserre les jambes en lâchant les rênes presque immédiatement. En répétant le même mouvement à plusieurs reprises, le cheval finit par trottiner, puis par partir à un trot très calme. C'est pour cela que je recommande de placer les rênes sur les doigts entr'ouverts, pour que leur glissement soit assuré en toute circonstance, même si la main venait par erreur à opérer un mouvement brusque, à la suite d'un déplacement d'assiette par exemple.

On laisse marcher au trot, mais autant que possible à une allure assez ralentie, cherchant ainsi à conserver le contact de la bouche du cheval. Cet appui nécessaire favorisera l'action des jambes, qui pourront être serrées par petits à-coups, de préférence, mais à la condition que l'animal indique par les rênes qu'il se rassemble suffisamment. Si la compression ne se faisait pas, on pourrait constater que l'allure du trot resterait incertaine. Elle finirait même par devenir nulle, assez rapidement, si le mors n'était pas supporté par la bouche.

Certains sujets marchent au début un trot d'un ralenti désespérant. Il ne faut pas s'étonner de cela. Le balancer de la tête, obtenu par les rênes légèrement tirées, certaines secousses sur la selle ou la fixité du mollet, donneront peu à peu une vitesse sensiblement plus forte. Je ne suis pas partisan de brusquer un animal par les jambes, avant que sa bouche n'ait accusé une certaine flexibilité de mâchoires. Déjà, au premier jour, je ne me suis servi des aides complètes que vers la fin de l'exercice. Il doit en être ainsi pendant les autres séances du début du dressage, pour ne pas affoler les animaux.

Au cours de la deuxième reprise de manège et après le temps de trot indiqué, le cavalier devra faire répéter à son cheval tous les exercices au pas qui ont été déjà esquissés le premier jour. Après chaque mouvement fait avec calme, il laissera l'animal marcher librement pendant un demi-tour de manège et lui commandera de fréquents départs au trot.

Les temps de trot devront être de courte durée; la marche aura lieu sur trente à cinquante mètres environ. Les nombreux passages de cette dernière allure au pas, exigeant une certaine traction de rênes, auront pour avantage de confirmer le cheval dans la tenue du mors. Chaque fois que l'animal quittera le trot, il aura été tiré sur la bouche, mais il sera récompensé puisqu'il aura à marcher immédiatement au pas tenu librement. Il siéra donc de laisser glisser les rênes aussitôt que le cheval aura pris le pas, après quelques mètres faits avec une légère tenue.

En procédant comme je viens de le dire, le cavalier se rendra vite compte que sa monture s'apprêtera à trotter aussitôt qu'un raccourcissement des rênes s'opérera. Loin d'empêcher le trottiner, qui s'établit souvent à ce moment-là, il faut pour ainsi dire le favoriser et profiter de cette allure pour serrer les jambes, limitant ainsi par l'arrière l'importance de la compression. Le résultat sera que la marche en avant deviendra de plus en plus franche, quoique l'amplitude du pas soit peu importante au début.

Nous verrons, dans les séances suivantes, que l'ouverture des angles formés par les rayons locomoteurs entre eux sera facilement obtenue plus grande, sans grand effort pour le cavalier.

Pendant la deuxième leçon il convient de faire exécuter au cheval, en plus des mouvements qui ont été appris la veille, *des doubler et des voltes au trot.*

On commence d'abord par les doubler. On profite la première fois d'un moment où l'animal trottine légèrement, pour lui infléchir la tête en la dirigeant vers le centre du manège. Le déplacement de l'animal au trot raccourci finit par se faire sur une portion de ligne courbe. On caresse le sujet, puis on laisse le trot légèrement s'allonger sur la ligne droite que l'animal suit pour se rendre sur la piste opposée.

Les doubler au trot seront commandés aux deux mains. Quand ces mouvements tournants seront exécutés avec assez de franchise, on les fera répéter pendant que le cheval est au trot sur la piste, c'est-à-dire le doubler ne s'effectuant plus pendant le trottiner, mais en continuant le trot ordinaire.

Lorsqu'un certain nombre de doubler seront faits, on travaillera son cheval en vue du mouvement sur la volte au trot. Pour cela, on commence à lui faire exécuter des voltes au pas. Peu après, le cheval embarqué au trot sur la piste sera commandé, pour qu'il ait à exécuter une volte sans quitter l'allure allongée. Pour ne pas trop le surprendre, on se contente quelquefois de demander un doubler, que l'on prolonge légèrement, pour qu'une certaine portion de circonférence soit décrite.

Quelques chevaux se laisseront aller volontiers à parcourir une volte complète au trot, puisqu'ils viennent de faire le même mouvement au pas. D'autres ne feront tout d'abord qu'une portion de la volte et se mettront au pas. Au lieu de les brusquer, on se contentera de chercher à les maintenir en allure, peu à peu, c'est-à-dire qu'il vaudra mieux obtenir du cheval la volte au trot, par portions gagnées à chaque répétition du mouvement, que de vouloir la faire réaliser du premier coup. Il ne faut pas oublier que la marche sur le cercle est assez difficile à un cheval non habitué et surtout non assoupli.

Le fractionnement de la volte évitera toujours un inconvénient qui naîtrait si le cavalier insistait, c'est de voir les montures se traverser, cherchant après quelques pas faits sur une courbe à se mettre en position de marche sur la ligne droite. Telle que je la préconise, la volte au trot, même au début, porte rarement le cheval à chasser du train postérieur.

Il ne faudra jamais oublier de récompenser un animal après une volte complète faite au trot. Soit par la voix, soit par la caresse, on devra lui faire connaître que l'on a compris sa soumission; de plus, on fera cesser l'effet de la rêne de côté, en le laissant marcher au trot sur la piste, les rênes s'allongeant d'abord, puis se raccourcissant peu à peu.

En recommandant de laisser un peu plus longues les rênes, mon intention n'est pas de favoriser une allure plus vive. Cette manière de procéder serait défectueuse. Je n'ai qu'un but, c'est de provoquer une descente de main, à l'issue de laquelle le cavalier ajuste de nouveau ses rênes ou les tend un peu plus. Il serait nuisible de laisser l'animal, venant de faire une volte au trot, marcher au pas aussitôt son arrivée sur la piste. Le cheval prendrait vite l'habitude de rétiver sur la ligne droite et s'arrêterait souvent.

La tenue des rênes, au début de la deuxième leçon, sera exactement celle que j'ai indiquée dans la leçon précédente, c'est-à-dire autant que possible les rênes séparées et légèrement tendues. Au fur et à mesure que le cavalier sentira que son cheval se laisse facilement commander, il n'y aura aucun inconvénient à rectifier la tenue des rênes et à les prendre à l'allemande, dans la main gauche, le médius de la main droite sur le filet du même côté.

L'abaissement exagéré des mains dans les ploiements d'encolure pourra être moindre, aussitôt que l'on sentira le cheval accepter sans difficulté la marche circulaire. L'abaissement des mains sera alors remplacé par *la rotation des mains sur les poignets*, pour que le bout du nez de l'animal se place toujours dans la direction vers laquelle le mouvement se fait.

Comme on le voit, dès la deuxième leçon, on peut se servir des rênes correctement tenues, à la condition de faire attention et de ne pas oublier de faire tourner et basculer la main gauche comme il est prescrit (fig. 8, 9 et 11, voir détail, page 32 et suivantes).

A mesure que les mouvements déterminant l'encolure à s'infléchir seront mieux acceptés, on doit favoriser l'animal dans sa marche, par l'appui de la *rêne d'opposition* tenue longue. En principe, pour que l'effet de l'appui de la rêne sur l'encolure porte tout son fruit, il faut qu'il se produise sans qu'il diminue la traction de la rêne qui agit directement. Aussi, la rêne contraire doit toujours s'allonger du commencement au milieu du mouvement, moment où le balancier est bien placé.

Pour faciliter l'accord des deux rênes, aussitôt que mes chevaux ont compris la traction directe, je commande mes mouvements de côté, en utilisant, un peu modifiée, ma façon de procéder quand une seule rêne était actionnée. Je baisse la main du côté opposé au mouvement, comme aussi je la porte vers le sens de la direction donnée, à la condition que l'encolure reste placée et que la tête ne prenne pas une position défectueuse.

Le seul fait d'avoir baissé la main a allongé la rêne; celui de porter la main du même côté que celle qui commande directement suffit pour marquer une légère poussée. Il m'arrive assez souvent de balancer ma rêne opposée pendant une volte, pour faire connaître au cheval l'effet d'opposition à l'aide de petits coups donnés par la rêne sur l'encolure.

Pour obtenir le maximum de rendement pendant le travail de manège, il convient surtout d'exiger du cheval la répétition d'un certain nombre de mouvements commandés avec douceur. Ainsi conçu, le travail ne fatigue pas le cheval, il le rend plus vite obéissant et soumis. La meilleure façon de procéder serait de ne demander au sujet en dressage que de courtes reprises de manège, comme aussi, ainsi que j'en suis partisan, de lui apprendre beaucoup de mouvements à chacune des séances du début. On peut arriver à obtenir les deux résultats en donnant une plus grande importance au travail au pas, et en abrégeant autant que possible les temps de repos absolu. Ainsi compris, le dressage ne fatiguera pas outre mesure les chevaux et il servira à les assouplir, si l'on sait profiter de l'allure ralentie pour gymnastiquer la machine animale.

C'est en me basant sur ces considérations que, à part quelques tours de manège faits en liberté complète, je n'accorde à mes montures que des repos relatifs, pendant lesquels l'impulsion seule est réduite. Je me contente de balancer mes animaux dans les rênes, pour assouplir l'encolure, le rein, mobiliser en outre la bouche, habituer l'animal à certains déplacements sur le cercle. Pour cela, je me sers beaucoup de la serpentine, exécutée comme je l'ai déjà dit dans la première leçon.

J'utilise aussi, de temps en temps, le même mouvement, commandé avec les quatre rênes tenues longues et d'une seule main, tantôt par la droite, tantôt par la gauche. La marche circulaire à droite par exemple est demandée de la main droite tenant les quatre rênes égales et longues. La main droite se porte en dehors, de façon à ce que les rênes du côté gauche viennent butter sur l'encolure, assez bas et très près du pommeau de la selle. Aussitôt que la main a été déplacée, les deux premiers doigts, index et médius, sont desserrés. Le résultat obtenu est que les rênes de gauche, après avoir touché l'encolure, ne sont plus fixées. Le nez du cheval se dirige donc légèrement vers la droite, car les deux rênes de gauche s'allongent peu à pēu, quoique supportées par le bord supérieur de l'encolure, alors que celles de droite agissent par leur propre poids, pour placer la tête basse.

Dans le mouvement vers la gauche, c'est la main de ce côté qui, prenant les rênes, se porte en dehors et en bas. C'est encore les deux premiers doigts, index et médius de cette main, qui s'ouvrent pour permettre le placer du nez de l'animal en bonne direction.

Le mouvement commandé comme ci-dessus, avec bascule du poignet si cela est nécessaire, a l'avantage sérieux de faire goûter le mors au cheval. Pour qu'elle porte tout son fruit, la serpentine, à rênes tenues d'une main, doit être provoquée sans hésitation et demandée par les deux rênes à la fois d'un même côté, bride et filet.

Quand le cheval a fait une serpentine assez large, on peut lui faire faire une volte complète sans difficulté, comme aussi des tourner assez brefs.

Il m'arrive, lorsque j'ai affaire à un sujet un peu lourd dans son avant-main ou ayant une bouche un peu dure, de recourir au *balancer du train antérieur*, sorte de serpentine serrée, pendant laquelle le train postérieur marche presque en ligne droite. En tenant les rênes longues, je porte la main qui tient les rênes au dehors. Une fois la marche circulaire esquissée, je prends immédiatement les rênes de l'autre main, que je porte du côté opposé et ainsi de suite. En combinant bien les commandements, en ayant la main légère et surtout non crispée sur les rênes, si celles-ci se tendent en douceur, on peut, tout en modérant l'allure du pas, arriver à faire balancer le cheval et à lui faire produire des oscillations antérieures rappelant le *tic de l'ours*.

J'ai toujours eu à me louer de l'emploi du balancer. On ne saurait en effet croire combien il apprend vite au cheval les effets de la rêne directe et de celle d'opposition. Le mouvement n'affole pas les animaux; au contraire, il provoque chez eux un certain étonnement qui éloigne toute idée de défense. Le balancer se fait, de plus, pendant les repos; il peut donc être utilisé dès les premières séances, car il amène la préparation au mouvement régulier de l'appuyer.

Les chevaux connaissent par les flexions de tête et le balancer l'appui de la rêne sur l'encolure; en utilisant cette pression, il est très facile de déplacer les animaux en marche sur deux pistes; le balancer d'ailleurs n'est autre que l'esquisse du *mouvement de l'appuyer*. Celui-ci demande toutefois un changement de tenue de rênes, au moins pendant les premiers jours. Je sépare les rênes et je les prends deux dans chaque main, pour faciliter le placer et aussi pour aider le cheval à se mouvoir parallèlement à lui-même, par l'effet de la rêne opposée que le balancer lui a appris (fig. 5 et 6).

Pour que le mouvement sur l'appuyer soit facilement compris, le mieux est de le commander sur une demi-volte. L'animal marchant sur la piste, les deux mains sont portées d'abord vers le centre du manège; on insiste surtout dans la rêne directe. Lorsqu'on a fait parcourir à un cheval les trois quarts d'une volte et que l'on est arrivé à quelques pas de la piste, on redresse brusquement l'encolure de l'animal et on la tord par le plaquage assez haut de la rêne du côté où l'on veut déterminer l'appuyer. Le placer de la rêne étant fait, on limite la compression en arrière par les jambes : le train postérieur se déplace parallèlement à l'avant-main. Il n'est jamais utile d'exagérer la pression des jambes. Le seul fait de porter haut et en dehors de la ligne médiane la main qui plaque la rêne détermine une descente de la jambe du cavalier qui doit favoriser le mouvement. C'est suffisant pour que l'animal comprenne du premier coup la marche nouvelle qui lui est imposée.

Par exemple, pour l'appuyer à droite, on commande une demi-volte, les deux mains portées à droite et assez bas. Au début du mouvement, la jambe droite du cavalier est un peu plus basse que la gauche et favorise la marche circulaire. Quand l'animal est à quelques mètres de la piste, la main gauche restant en place, la main droite se porte très haut et à gauche (fig. 5). Le mouvement de torsion dans le buste du cavalier a voulu que la jambe gauche descende et vienne prendre contact avec le corps de l'animal plus que celle du côté opposé qui, au contraire, se soulève. Le cheval aura une tendance à se porter vers la droite. Le train antérieur effectuera donc une marche régulière à l'appuyer, puisque la tête du cheval, déjà placée à droite par la marche circulaire, est encore soulevée du même côté par la rêne droite qui se raccourcit. Le seul changement produit est une torsion de l'encolure.

Généralement, le mouvement à l'appuyer est accepté sans aucune difficulté par les animaux. En prenant les précautions que je viens de signaler, le cavalier n'aura jamais de rétivité de la part de son cheval. Le mouvement en avant est toujours obtenu par mon procédé et, si le déplacement latéral était insuffisant, la main gauche pousserait vers le garrot à l'aide des rênes qu'elle tient; la marche sur deux pistes serait ainsi mieux indiquée.

L'appuyer à gauche doit être commandé d'une façon analogue, mais en modifiant en sens inverse la position des mains. C'est à la main gauche de commander le mouvement après la marche circulaire, en se portant en haut et à droite, comme l'indique la figure 6. Pendant ce temps, la main droite est tenue basse et fait sentir l'opposition des rênes qu'elle soutient.

Un ou deux appuyer de chaque côté suffiront à l'animal pour la première fois.

Le cavalier, à la fin de la deuxième leçon, fera marcher son cheval au trot allongé, aux deux mains, pendant environ cinq minutes, comme il a été dit à la leçon précédente.

Il fera reconduire son animal à l'écurie, à pas lents, en le caressant, après avoir mis pied à terre et s'être remis en selle en plusieurs points du manège; à la porte de celui-ci, il fera faire au cheval quelques tourner, tenu en main.

En résumé, le deuxième jour, le cavalier aura donné à sa monture les premières notions du trot sur les doubler et sur la volte, il lui aura fait esquisser le balancer et l'appuyer au pas. En outre, il aura exigé du cheval des tourner, des voltes, des flexions de tête, des serpentines au pas, pendant les périodes de demi-repos. Il se sera également appliqué à provoquer l'appui sur le mors pour faciliter les départs au trot ralenti.

Troisième leçon.

Si, pendant les deux premiers jours du dressage, on a opéré avec méthode, avec tact, accusant bien par une caresse toute bonne exécution d'un mouvement par le cheval, la troisième leçon sera très simplifiée.

Après avoir monté l'animal avec précaution au début de la séance, on lui fera répéter successivement la série des diverses marches au pas qu'il a déjà effectuées les jours précédents, sur la ligne droite, la volte, les tourner et la serpentine. On lui commandera des départs au trot, pour le familiariser avec le mors. Il conviendra aussi d'insister sur les derniers mouvements qu'il a appris la veille, tels que la volte, les doubler au trot et l'appuyer au pas.

En principe, il faut suivre l'ordre déjà indiqué dans la succession des mouvements. De la sorte, utilisant la mémoire du cheval, et les exercices augmentant de difficulté peu à peu, le cavalier aura sa tâche bien amoindrie. L'animal aussi travaillera sans appréhension, car, dès le début de la séance, sa bouche prendra plus aisément le mors; vers la fin de la reprise il pourra donc porter toute son attention pour exécuter les mouvements qui lui seront commandés, puisqu'il n'aura plus à craindre la main de son conducteur.

Ainsi, le travail pendant la troisième leçon sera, pour commencer, le résumé de celui qui a été exigé pendant les deux premières. Comme modification, on aura diminué en partie les temps de trot ordinaire, pour ne pas fatiguer l'animal inutilement; ils feront place à des voltes et des doubler au trot. Au contraire, les exercices au pas seront souvent répétés.

Il ne faudra jamais oublier de faire suivre un mouvement commandé à droite d'un autre à exécuter sur la gauche. Egalement, on ne négligera pas de changer souvent de main, pour mettre le cheval en position nouvelle sur la piste. On ne se heurtera pas ainsi à la vicieuse habitude, qu'acquerrait vite l'animal, de préférer le travail sur une rêne plutôt que sur une autre, ou encore la marche à une main, alors que, de l'autre côté, il marquerait une certaine hésitation.

Dans la seconde partie de cette leçon, il conviendra également d'essayer de faire produire au cheval quelques flexions de tête au trot, de l'engager sur la serpentine à la même allure, comme aussi sur l'appuyer.

Les deux premiers mouvements seront faciles à obtenir, l'animal connaissant déjà par les leçons précédentes la marche circulaire au trot; en tout cas, se laissant engager par habitude sur des portions de cercle au trot.

Les flexions de tête se feront sur une rêne agissant directement d'abord, puis remontée sur l'encolure et plaquée sur elle.

On commandera la serpentine, comme lorsqu'il s'est agi du même mouvement au pas. Le cavalier s'efforcera donc d'obtenir la marche, l'animal ayant sa tête le plus bas possible. La position des mains, placées très en dessous du pommeau de la selle, permettra de réaliser la serpentine avec un balancier en bonne position.

L'appuyer au trot ne surprendra pas outre mesure

le cheval qui vient de faire des flexions de tête et de s'engager sur la serpentine en marchant assez vite, surtout si le cavalier sait ralentir l'animal et lui donner le *goût du mouvement*. Comme à l'allure du pas, cet exercice sera demandé sur la demi-volte, en procédant suivant la méthode que j'ai déjà signalée à la précédente leçon (voir fig. 5 et 6, page 74).

L'appuyer ne devra commencer qu'à quelques mètres de la piste pour débuter. Si l'on obligeait un cheval à marcher sur deux pistes parallèles, pendant un trajet assez long, il finirait par refuser le mouvement. Sur quelques mètres, au contraire, l'animal se mettra à l'appuyer très facilement, pressé qu'il sera de rejoindre la piste. C'èst ce que je qualifie par l'expression : « *donner au cheval le goût du mouvement* ».

Telle est la troisième leçon, au cours de laquelle on aura fait répéter à l'animal la marche directe, les doubler, les voltes, les appuyer, la serpentine au pas, les voltes et les doubler au trot, alors qu'à cette dernière allure les flexions de tête, la serpentine et l'appuyer lui auront été commandés pour la première fois. Pendant les repos on n'aura pas négligé de provoquer des flexions de tête, les rênes plus ou moins tenues, des serpentines, les rênes longues, et le balancer sur quelques mètres.

Enfin, pour finir la séance, il conviendra de suivre les mêmes instructions déjà prescrites au sujet du montoir et de la sortie du manège.

Quatrième leçon.

La quatrième leçon sera très courte si le cheval se montre assez obéissant. On n'enseignera à l'animal aucun mouvement nouveau, mais on lui fera répéter une ou deux fois chacun des quelques exercices qu'il a appris à connaître les jours précédents. On s'apercevra que certaines figures de manège sont exécutées déjà dans le plus grand calme. On les commandera peu ce jour-là, on se contentera de chercher à les obtenir avec les rênes tenues d'une seule main, pendant que l'autre main n'opérera de traction que sur la rêne de filet correspondante (fig. 2 et 12).

Seuls, les mouvements mal acceptés seront répétés avant de quitter le manège. Sans les exiger trop correctement faits avec la nouvelle tenue de rênes, on devra être satisfait si l'animal les exécute avec une certaine soumission.

Quant aux exercices pour lesquels le cheval marquerait trop d'appréhension, on insistera pour les commander encore avec les rênes séparées.

On ne doit pas oublier surtout de réserver pour la fin tout mouvement que l'on reconnaîtra comme difficile à faire comprendre au cheval.

Après avoir mis pied à terre dans le manège, le cavalier fera ouvrir la porte, de façon à faire répéter la leçon du montoir non loin de la sortie. Il descendra de nouveau et sortira son animal en main. Il remontera en selle ensuite à plusieurs reprises, pour mettre pied à terre presque aussitôt, en dirigeant le cheval vers l'écurie. A proximité de celle-ci, si l'état du terrain le permet, il pourra essayer aussi, avant de descendre définitivement et de libérer sa monture de tout travail, de lui faire faire un ou deux tourner aux deux mains.

Ces quelques dernières indications ont surtout pour but de chercher à obtenir la soumission de l'animal, tout en permettant au cavalier de récompenser le cheval immédiatement, dès qu'il se laissera commander sans résistance.

Cinquième leçon.

A partir du cinquième jour, le travail à imposer aux chevaux ne subit que de très légères modifications. Il suffit d'exiger d'eux un perfectionnement progressif dans l'exécution des divers mouvements déjà appris.

Pour obtenir un meilleur rendement, le cavalier pourra remplacer la période de trot un peu ralenti, que j'ai recommandé pour les débuts des quatre premières séances, par des temps d'un trot plus énergique. Toutefois, il faudra bien étudier le caractère de l'animal, en se rappelant sa façon de se comporter les jours précédents, et voir si le trot allongé ne l'excite pas exagérément. Dans ce dernier cas, on aurait intérêt à ne pas utiliser l'allure vive au commencement de la reprise. Il conviendra aussi de ne demander l'allure du trot qu'après quelques tours de piste effectués au pas, pour éviter que l'animal ne prenne, par la suite, l'habitude de partir très vite au montoir.

Ainsi donc, après une certaine période de trot, pendant laquelle on s'efforcera de faire accepter le mors par la bouche du cheval, on commandera des exercices variés au pas. On cherchera à obtenir le rassembler avant tous les mouvemnts. Ceux-ci seront donc mis à exécution pendant que les rênes sont assez tendues et, si possible, tenues de la main gauche, pendant que la main droite se porte sur la rêne droite du mors de filet.

Après les leçons qui ont précédé il n'est pas rare que le cheval marche volontiers la tête basse pendant tous les mouvements. Si la tête était encore en mauvaise position, une légère déviation de la main gauche en recul, aidée s'il le fallait de l'abaissement même exagéré de la rêne droite, inclinerait suffisamment le balancier pour permettre de placer le chanfrein vertical.

Dès l'instant que l'on tiendra les rênes d'une seule main, il ne faudra pas oublier de faire basculer la main sur le poignet, ainsi que je l'ai déjà recommandé à la deuxième leçon (fig. 8, 9 et 11). Il importe, à tout prix, d'obtenir la tête toujours placée dans le sens de la marche, de telle sorte que le bout du nez soit dévié plus que la région de la nuque dans tous les mouvements de côté.

Pendant la reprise il ne faudra pas oublier de commander des flexions de tête ainsi que des serpentines, les rênes assez longues. Les deux derniers mouvements facilitent la disparition du tissu adipeux de l'encolure, celle-ci devient plus fine, par conséquent plus souple.

De temps à autre, au cours du début de la cinquième leçon, on devra, pendant le pas, arrêter l'animal sur la piste. Pour cela, on affermira son assiette, on resserrera simplement les doigts sur les rênes, sans bouger les mains, les jambes restant d'aplomb; aussitôt que le train antérieur du cheval cessera tout mouvement en avant, on relâchera les doigts.

Dans le cas où l'animal se remettrait en marche, il suffirait de faire adhérer les doigts aux rênes pendant un instant, puis on les écarterait de nouveau.

Cette dernière recommandation a son utilité. Elle permet d'obtenir l'arrêt du cheval en douceur, sans une action brutale du mors, comme elle provoque presque toujours une descente de main, indiquant la confiance qu'a la monture en celui qui la commande.

Pour augmenter le calme et bien marquer aussi que l'arrêt complet sans contraction a été demandé, par une caresse le cavalier récompensera toujours son cheval lorsqu'il le verra bien tranquille sur la piste, ne manifestant aucun signe d'impatience.

Jusqu'ici je n'ai recommandé d'arrêter le cheval qu'au moment où on doit mettre pied à terre. La leçon de l'arrêter n'est pas indispensable les premiers jours au milieu de la reprise, elle pourrait devenir préjudiciable chez des animaux trop excitables dans la bouche et provoquerait le reculer.

Vers le cinquième jour du dressage, par contre, l'arrêter doit être obtenu; on ne pourrait sans lui commencer à inculquer au cheval les premières notions du lever des membres antérieurs, lesquelles doivent conduire peu à peu au pas espagnol et au passage.

Le cavalier devra donc, aussitôt qu'il sentira son cheval s'arrêter et rester dans une certaine immobilité, procéder à la préparation du mouvement dit : « *jambette au repos* ». Il consiste dans l'enlever complet du membre situé du côté vers lequel on est sensé commander l'appuyer, c'est-à-dire correspondant à la rêne du placer.

On sera surpris peut-être de l'expression que j'emploie, en disant « jambette au repos ». Un mouvement se produisant, il n'y a pas de repos à proprement parler. Je fais surtout allusion au repos du cheval, pendant lequel on apprend le lever du membre. Aussi je me suis arrêté à cette expression, comme à certaines autres, qui servent à différencier les mouvements de jambette, d'après l'allure que doit quitter le cheval au moment où l'on commande le lever du membre.

Nous allons voir : la jambette au repos; nous aurons aussi la *jambette à l'arrêter* provoquée sur l'arrêt rassemblé, la *jambette au pas* exigée au pas rassemblé, la jambette à l'*appuyer* au pas, la *jambette au trot*, la *jambette au trot allongé* ou départ au galop, la *jambette au galop* ou changement de pied au galop.

Pour faire comprendre la jambette au cheval, plusieurs manières sont indiquées dans le dressage. Les principales méthodes recommandent de mettre pied à terre et, après avoir placé la rêne du mors de filet, de recourir à la cravache frappant plus ou moins fort sur le membre à soulever. D'autres veulent l'emploi d'un aide qui, pendant le placer latéral produit par le cavalier, prend le membre du cheval, le soulève, le porte en haut d'abord, en avant ensuite après traction, pour que le pied vienne se placer aussi loin que possible du pied opposé.

Dans mon dressage, j'aurais voulu supprimer la cravache pour produire le lever du membre. Malheureusement, malgré toutes les précautions que j'ai pu prendre, j'ai constaté que tous les chevaux marquaient une appréhension très manifeste à se placer sur trois jambes, quoi qu'on fasse pour les calmer. J'utilise donc la cravache, qui a l'avantage, sur le placer exagéré que l'on pourrait employer, de ne pas provoquer une perte d'équilibre. Pour gagner du temps toutefois et ne pas avoir l'inconvénient d'un dressage de cirque, je n'use de la cravache que cinq ou dix minutes en tout, et encore pendant que je suis en selle.

Voici d'ailleurs ma manière de procéder. Pour le membre antérieur droit par exemple, l'animal est arrêté sur la piste et caressé; après une descente de main, je cherche à raccourcir ma rêne droite de filet. Si le cheval se traverse, je le remets en bonne position et je recommence.

La rêne est prise entre le pouce et l'index de la main gauche; je la fais agir directement d'abord, puis je la plaque assez haut sur l'encolure, aussitôt que cette dernière région est légèrement incurvée.

Pendant ce temps, les trois autres rênes sont libres, même laissées tombantes sur la crinière, chose sans importance. La rêne droite du filet est secouée par très petites saccades, pour que le mors auquel elle est attachée produise vers la commissure des lèvres une sorte de titillation.

Concurremment, j'écarte légèrement la jambe droite de sa position normale, je passe la main du même côté en arrière de ma cuisse, et, à l'aide de la cravache que cette main tient par sa grosse extrémité, je donne quelques petits coups secs et répétés en arrière de l'avant-bras du cheval, un peu au-dessus du genou, ou dans le pli de cette région. Le fait de manœuvrer la cravache fait pencher le corps vers la droite, aussi ma jambe gauche a une tendance à remonter vers les côtes. Après quelques essais, il arrive presque toujours que le membre frappé se soulève ou se déplace légèrement. Je cesse alors tout commandement et je caresse. Je recommence une deuxième fois, après quoi je laisse marcher doucement l'animal pendant une vingtaine de mètres. Je change ma cravache de main. La main droite prend la rêne gauche du mors de filet, la secoue, après l'avoir appuyée sur l'encolure. Pendant ce temps la cravache invite le membre antérieur gauche à quitter le sol, en le frappant par derrière. Le résultat obtenu, je caresse le cheval et lui fais répéter de nouveau le même mouvement, pour bien me rendre compte qu'il y a bien corrélation entre le commandement et le lever du membre.

Je mets alors l'animal à un pas ralenti et calme

pendant deux tours de manège. Je l'arrête, et, prenant les mêmes précautions, je cherche à obtenir le déplacement du membre par le titiller de la rêne, sans la cravache; celle-ci est prête à actionner toutefois si, après plusieurs secousses de la rêne, le membre restait à l'appui.

Je cherche ensuite, dès que la cravache n'agit plus, à appuyer au corps du cheval ma jambe diagonalement opposée à la rêne, aussitôt que je vois le membre se soulever. J'insiste même dans la pression de jambe, jusqu'à obtenir le départ au pas, aussitôt que ma rêne de commandement cesse d'agir. Autant que possible, peu de temps après le lever d'un membre, je me mets en mesure de provoquer le lever du membre opposé.

Il arrive quelquefois que certains sujets un peu impatients se traversent et quittent la piste. Si le train antérieur est dévié, j'augmente la torsion de l'encolure et relève le bout du nez du cheval, à l'aide de la rêne du placer fortement tendue et plaquée. Cette même rêne suffit aussi à arrêter le mouvement en avant, dans le cas où il se produirait sans qu'il soit autorisé. Quant à la déviation du train postérieur, on y remédie par la rêne du placer; si la chasse des hanches était trop exagérée, on mettrait l'animal croupe au mur et à main droite, pour le lever du membre droit; à main gauche, pour la jambette du membre opposé. Enfin, si le cheval prend un air affolé à la cravache, je me sers de celle-ci pendant quelques instants, comme si je voulais détacher du membre un corps étranger adhérent aux poils.

Certains chevaux ont une tendance à reculer, en réponse aux titillations de la rêne. Le cavalier n'a pas à s'émouvoir de ce léger mouvement d'impatience. Il profitera, au contraire, du soulèvement du membre dont on demande la jambette, quand il se déplacera vers l'arrière, pour appuyer la cravache dans le pli du genou. Cette manœuvre arrête le reculer, puisque le membre antérieur correspondant au placer est maintenu en hauteur et ne finit pas son engager.

On pourra également, dans certaines circonstances, tomber sur des sujets qui, par le titiller seul de la rêne, produiront le lever d'un membre antérieur.

Je n'insiste pas exagérément ce premier jour dans le mouvement de la jambette. Quand je vois qu'il est suffisamment ébauché, je fais sortir mon cheval du manège, comme la veille, et je le dirige vers son écurie, où je lui fais exécuter quelques mouvements tournants, des arrêter, des descentes de main. Je simule la descente de cheval, en pivotant sur l'étrier de gauche, sans le quitter du pied, ce qui permet de remonter immédiatement; soit encore en abandonnant l'étrier pour le reprendre, avant de me remettre en selle. Je mets ensuite pied à terre et je fais rentrer à l'écurie mon animal, après l'avoir flatté de la voix et de la main.

Sixième leçon.

Généralement, pendant la sixième leçon, je cherche à obtenir du cheval le lever des membres antérieurs, après le repos et l'arrêt, par la rêne seule et la jambe opposée. Je sacrifie donc ce jour-là, à l'exécution de la jambette, un peu de temps et certains des mouvements qui ont été commandés tous les jours depuis le commencement du dressage. Aussi, après quelques exercices au pas et au trot, dès que je sens ma monture tenir franchement le mors, la tête basse, je me mets en demeure de commander la jambette aussitôt l'arrêt. Après la leçon de la veille, la chose serait possible du premier coup par l'action de la cravache. J'aime mieux user de patience quelques instants et rappeler à mon animal qu'il a déjà eu à soulever les membres par le placer seul, la rêne étant légèrement secouée.

Par conséquent, pour faire exécuter la jambette, je tiens la cravache comme il a été dit à la leçon précédente, mais je ne m'en sers que lorsque je me rends compte que le cheval est complètement en dehors du travail demandé. D'ailleurs, je ne frappe sur l'avant-bras qu'une ou deux fois très légèrement, après quoi je recommence à provoquer la jambette par le seul placer de la rêne. Cette sixième leçon est pour moi une des principales dans l'accord des aides au repos et à l'arrêter. Elle doit être donnée avec douceur, pour arriver à bien faire comprendre au cheval le détail du mouvement jambette, duquel dépendront dans la suite quelques autres. Donc, je caresse souvent mon cheval, pour lui éviter un certain énervement que causerait à la bouche le titiller de la rêne. De la sorte, il accepte volontiers de ployer son encolure; par le calme, il m'arrive même d'obtenir chez tous mes sujets, dès le sixième jour, un placer de la tête très régulier par les deux rênes du même côté.

La main qui tient les rênes donne de petites saccades pour demander le lever du pied. Quand je sens celui-ci quitter le sol, les rênes qui ont commandé restent tendues et ne sont plus remuées; ma jambe, qui se trouvait près du corps de l'animal, commence à faire sentir une action continue plus ou moins forte et en rapport avec la tension des rênes. Il se produit alors une petite poussée en avant, par l'épaule correspondant au membre soulevé. Celui-ci gagne donc un peu de terrain sur le membre opposé. Ma main alors se porte de côté, tout en laissant effectuer le déplacement qui s'établit, puis abandonne toute action, immédiatement avant que le sabot ne touche le sol. Le résultat est que le pied du membre soulevé vient légèrement en dehors, ce qui favorisera la marche dans la suite. Je caresse l'animal et je recommence pour le membre opposé. Après un lever ou deux de pied, faits de chaque côté, je laisse mon cheval marcher au pas, les rênes tenues longues. Pendant le pas je provoque des serpentines, des tourner, par les rênes très libres, ce qui détermine des descentes de main nombreuses.

Peu de temps après je renouvelle le commandement de la jambette; au repos d'abord, par la rêne assez lâche sans l'aide de la jambe, puis à l'arrêt, c'est-à-dire comme il vient d'être dit, rênes un peu courtes, tenues d'un côté, encolure ployée, puis action de la jambe aussitôt l'enlever du pied. On peut se rendre compte de la nuance que j'établis entre la jambette au repos et pendant l'arrêter. En les différenciant, le cheval comprend mieux qu'il ne doit jamais s'affoler, même si une traction involontaire des rênes venait à se produire, alors que la compression par l'arrière ne serait pas limitée à temps.

Je fais donc faire par moments des lever du membre, en me servant seulement des titillations par la rêne. Quelques instants après, je recommande le lever du pied et, de plus, je sollicite l'extension du membre antérieur, à l'aide de la rêne tendue et de la pression de la jambe à l'arrière.

Comme de juste, il faut que, dans l'exécution de la jambette, l'animal ne se traverse pas; ainsi que je l'ai déjà recommandé dans la leçon précédente, on rectifie la position du corps du cheval en donnant une inflexion plus ou moins forte à l'encolure. J'ajouterai même que, pour arriver très vite à un mouvement de jambette bien fait, donné par le cheval avec un certain cachet de fierté, il faut opérer une traction assez ferme sur les rênes du mors de bride et de filet. De la sorte, le bout du nez du cheval se place très bas, et son corps, par la tendance qu'il a à s'incurver, vient butter sur la jambe opposée à la rêne, d'autant plus d'ailleurs que la déviation a été plus forte. Il se produit ainsi un lancer du membre antérieur, pendant que les membres postérieurs s'écartent et marquent un pas bien accusé.

La jambette, telle que je la préconise, est toujours donnée avec brio; elle a comme autre avantage d'empêcher l'animal de prendre la position assise.

Il n'est pas rare que le cheval au bout de quelques instants laisse voir une certaine excitation, même si l'on a évité d'exagérer le nombre des mouvements jambette, au repos et à l'arrêt. Aussitôt donc que le cavalier aura l'impression que l'animal comprendra bien ce qui lui est commandé, il pourra le faire marcher librement au trot ralenti. Il fera répéter des flexions de mâchoires sur la ligne droite ou sur des arcs de cercle.

La sixième leçon se résume donc, à part quelques exercices d'assouplissements, à exiger du sujet en dressage le lever du membre sans l'aide de la cravache.

La fin de la reprise, pour que celle-ci ait été fructueuse, se fera comme celle de la veille, vers l'écurie. Avant de descendre de cheval, on arrêtera celui-ci, la tête dirigée vers le local où il est logé d'habitude, et on renouvellera deux ou trois fois le mouvement jambette.

On se rendra compte que le cheval pourra marquer une certaine résistance, vu le désir qu'il a de rentrer à l'écurie. En le calmant de la voix ou par des caresses, il finira par obéir, même par exécuter la jambette avec une certaine vivacité, qu'il siéra de savoir récompenser par la caresse. Aussitôt que le cheval aura obéi, il sera immédiatement dessellé et rentré.

Septième leçon.

La septième leçon sera le résumé total de tout ce qui a été appris précédemment. A part la leçon du seller et du montoir, que l'animal connaît maintenant, on devra commander au cheval tous les exercices, plusieurs fois répétés, qui ont fait l'objet des six premières reprises.

On commencera donc par mettre le cheval dans le mouvement en avant, au pas, puis au trot. On lui fera effectuer ensuite des doubler, des voltes, des demi-voltes, avec ou sans appuyer, des serpentines, des flexions de tête.

Chacun de ces exercices sera demandé au pas, puis au trot; d'abord avec la première tenue des rênes, c'est-à-dire les rênes séparées, ensuite par les rênes assujetties dans la même main. Le travail exigé de l'animal sera donc assez important, puisque tous les mouvements seront faits deux fois à chaque allure, deux fois à chaque main. Les rênes devront être prises dans la main droite (fig. 12), lorsque le cheval marchera sur la piste à main gauche; dans la main gauche (fig. 2), lorsque la marche aura lieu à main droite. Dans les deux cas, la rêne du mors de filet du côté de la marche sera séparée ou pincée, par les premiers doigts de la main restée libre.

Après chaque mouvement au trot, on accordera un peu de repos à l'animal et on le laissera marcher librement sur la piste. Au repos fera suite le rassembler, c'est-à-dire la mise en compression par le raccourcissement et l'assujettissement des rênes et la mise en place des jambes pour empêcher l'arrêter. Les exercices au pas se feront alors très lentement. De l'allure du pas ralenti, on laissera partir au trot, légèrement tenu, et on fera reproduire le même mouvement que l'animal vient de donner au pas. Après exécution, on laissera le sujet au repos. Si l'on éprouvait une certaine difficulté à maintenir son animal en compression, on lui ferait produire une serpentine plus ou moins serrée. Dans le même but, il ne faut pas non plus oublier d'utiliser le balancer, permettant de vaincre la force d'inertie constatée chez les chevaux certains jours, et se traduisant par une raideur de l'encolure et le lever exagéré de la tête.

Lorsque les divers mouvements signalés plus haut auront été faits, le cavalier fera répéter à son cheval la jambette à l'arrêter, en partant cette fois du rassembler. Pour cela, l'animal étant au pas, on actionnera les rênes pour baisser la tête du sujet, puis on marquera un léger arrêt, au début duquel les rênes d'un côté demanderont le lever du membre antérieur; la jambe du cavalier fixera l'impulsion et la jambette se produira. Aussitôt, on remettra au pas les rênes libres.

Après quelques jambettes, le cheval pourra être reconduit vers l'écurie, où il devra répéter le même mouvement à plusieurs reprises.

On pourra remarquer jusqu'ici que, dans ma progression, je n'ai pas encore cherché à faire faire aux chevaux les demi-tours, soit sur les hanches, soit sur les épaules, de même que j'ai recommandé d'utiliser surtout l'arc de cercle pour changer la direction de la marche. En procédant ainsi, j'évite au début les inconvénients sérieux que l'on a lorsqu'à la suite de mouvements faits sur l'angle droit on tombe sur des animaux qui prennent l'habitude de s'échapper par la croupe.

Pour empêcher le traverser, on a recommandé d'agir, soit par la rêne directe du côté où la chasse se produit, soit par la pression exagérée de la jambe du même côté.

En réfléchissant bien, les deux procédés sont défectueux. Par la rêne, opposant les épaules aux hanches, on met l'animal en placer inverse pour l'exécution d'un mouvement, alors que celui-ci doit être commandé dans tous les cas par la rêne mettant la tête en direction. Par la jambe du dehors, on invite l'animal au mouvement appuyer, c'est-à-dire à une marche effectuée le corps droit, alors que le traverser se produit surtout sur la marche circulaire.

Les deux façons de remédier au défaut que présente le cheval qui chasse des hanches sont donc défectueuses. Si elles atteignent leur but, elles provoquent une mauvaise exécution d'autres mouvements. C'est pour éviter ces erreurs, dont les montures se servent souvent contre le cavalier, que j'ai toujours cherché d'emblée à ne pas amener le traverser, en supprimant au début des mouvements qui le favorisent

Le défaut peut se produire toutefois sur des arcs de cercle, mais il est très facile à empêcher. On a pu faire la constatation, en effet, que je n'indique pas que la jambe intérieure doit agir dans les mouvements sur le cercle; c'est là un avantage de mon dressage, puisque j'évite de déplacer exagérément le train postérieur lorsque l'animal effectue la marche circulaire.

Si le fait se produit, ma façon de commander remédie à bref délai au défaut. Je punis le cheval par lui-même; la rêne qui demande le mouvement circulaire est raccourcie, le corps de l'animal vient donc butter davantage sur la jambe diagonale, et le résultat est le suivant : la compression devenant plus forte, l'allure augmente. Ainsi donc, le cheval est invité à marcher plus vite sur la même circonférence, d'où redressement forcé de la colonne vertébrale. En tout cas, pour des sujets exceptionnels, les flexions de tête demandées souvent auront vite raison du traverser.

Huitième leçon.

La huitième leçon se différencie très peu de la précédente. On fait faire à l'animal des exercices au pas et au trot, puis de temps à autre la jambette, par le placer et l'appui de la jambe diagonale, en partant du repos ou de l'arrêter.

Pendant les dix dernières minutes on apprend à l'animal un nouveau mouvement, la jambette pendant l'appuyer. Rien n'est plus facile, si pendant les autres séances le cavalier a bien fait comprendre au cheval le lever du membre et son déplacement vers l'avant en partant de l'arrêt.

Pendant l'appuyer au pas, exécuté sur la demi-volte, on fera produire une légère action sur l'embouchure, par la rotation ou le mouvement de bascule sur le poignet de la main qui tient les rênes. L'allure du pas, déjà ralentie dans l'appuyer, devient alors presque nulle. Le cavalier invite instantanément son cheval à la jambette, par le secouer de la rêne. Aussitôt que le pied quitte le sol, la rêne soutenant encore le membre par son appui sur l'encolure, la jambe diagonale doit actionner en arrière pour porter le membre soulevé en extension.

Il faut, pour la bonne exécution du mouvement, qu'il ne se produise aucun à-coup brusque sur la bouche de l'animal, ce qui inviterait celui-ci à se traverser ou à reculer.

Le temps d'arrêt, après le pas de l'appuyer, sera donc à peine esquissé. S'il était par trop accusé, il conviendrait de reprendre la marche à l'appuyer pendant quelques mètres, au lieu d'insister sur-le-champ pour faire marquer la jambette. De même, si une déviation brusque du corps de l'animal venait à se produire, le cavalier aura soin de remettre son cheval en bonne position d'appuyer avant de commander le lever du membre. Quand celui-ci sera obtenu d'une façon satisfaisante, la jambe diagonale devra être resserrée, pendant que les rênes qui ont ralenti l'allure seront relâchées. Seule, celle qui a déterminé le placer, avant d'être libérée, sera tirée franchement de côté, par la main portée basse (même vers l'épaule du cheval si c'est nécessaire).

Ainsi commandée, la jambette aura pour avantage de développer chez l'animal l'habitude de marcher hardiment du train postérieur, pendant qu'un membre antérieur est soulevé assez haut et porté en dehors en extension. Rien n'est plus disgracieux que le pas espagnol exécuté avec le train antérieur trop enlevé, pendant que l'arrière-main est engagée sous le tronc.

C'est pour obvier à cet inconvénient que les quelques recommandations qui précèdent ont été données. En les observant strictement, on reconnaîtra qu'elles augmenteront, à bref délai, le tride du mouvement jambette.

Lorsque le sujet aura exécuté quelques appuyer aux deux mains, pendant lesquels il aura eu à produire la jambette, il sera rentré à l'écurie.

On pourra le faire travailler encore quelques instants, en dehors du manège, comme la veille.

Neuvième leçon.

Au cours de la neuvième reprise, certains mouvements déjà connus du cheval, tels que les doubler, les voltes, les serpentines, pourront ne pas être demandés. On disposera ainsi d'un peu plus de temps, ce qui permettra de faire exécuter très souvent pendant cette leçon des *demi-voltes renversées et des contre-changements de main au pas*. On se servira pour les obtenir des mouvements : changement de main et demi-volte ordinaires, que l'animal a déjà faits.

Il est très rare qu'un cheval ayant déjà marché régulièrement les figures signalées plus haut se refuse à quitter la piste sur une oblique. Aussitôt que le cavalier sentira que l'animal a compris le nouveau mouvement, il le commandera de façon à le faire sortir de la piste en appuyant.

Pour ne pas heurter le sujet, comme pour bien lui indiquer la position de tête à prendre, il faut toujours avoir soin d'engager d'abord l'animal sur la ligne oblique par la traction et l'ouverture directe de la rêne du dedans. Il n'y a pas lieu toutefois d'exagérer le déplacement du train antérieur. Il suffit, en effet, d'amener une légère torsion de l'encolure par une flexion de tête, puis de laisser faire un pas, en dedans, au membre antérieur placé du côté où va se faire le mouvement. Aussitôt, les rênes sont placées pour déterminer la compression latérale et la jambe du dehors doit venir en arrière des sangles. Ainsi doit se produire régulièrement la marche sur deux pistes. Après l'appuyer, la demi-volte renversée sera terminée par la traction directe inverse, après que l'encolure aura été tout d'abord redressée. Quelques demi-voltes renversées, faites aux deux mains, seront suffisantes pour commencer.

En combinant pendant quelques instants les deux genres de demi-volte, le cheval sera prêt pour produire le contre-changement de main. Pour bien indiquer à l'animal le tracé de cette nouvelle figure de manège, on devra demander un ou deux mouvements : un *demi-à-droite*, suivi après quelques pas d'un *demi-à-gauche*, pour rentrer sur la piste. Le contre-changement de main sera donc à l'origine un déplacement du corps de l'animal sur une ligne brisée. On ne s'arrêtera pas outre mesure à cet exercice qui ne doit être que transitoire; on passera de suite au contre-changement de main à l'appuyer.

Le détail de ce mouvement n'a pas besoin d'être donné, puisqu'il est le résultat de deux appuyer faits l'un à droite, l'autre à gauche, ou inversement. Il suffira que le cavalier se rappelle surtout qu'il ne doit pas abuser de la patience du cheval en lui demandant des appuyer trop longs. Le contre-changement de main se fera donc sur de courtes distances (trois ou quatre pas environ), quitte à le faire répéter de temps à autre. Le cavalier s'efforcera aussi de faire produire la jambette pendant la marche à l'appuyer du début de la demi-volte renversée, quand l'animal aura bien compris ce dernier mouvement.

A la fin de la reprise, sur un contre-changement de main, le cheval exécutera volontiers deux jambettes en appuyer; une en sortant de la piste, l'autre en y rentrant. On ne devra pas oublier surtout, dans le commandement de la jambette, qu'il faut toujours retenir l'allure du cheval et que si un demi-arrêt est nécessaire pour bien faire produire le lever et le lancer du membre, il n'y a pas lieu que ce même arrêt soit trop marqué ou trop long. Aussi, on se trouvera fort bien de ne pas hésiter à actionner les rênes qui demandent la jambette. La main qui les tient devra agir progressivement, vigoureusement, sans brutalité sur la bouche du cheval. En réfléchissant aux trois expressions que j'emploie pour désigner comment la main doit se mettre en rapport avec la bouche du cheval, on verra que j'indique surtout de ne pas agir avec brusquerie, ni nervosité. En mettant beaucoup de moelleux dans le poignet, on peut toutefois tirer avec une certaine force sur les rênes.

Concurremment à une traction assez importante sur la rêne du placer, la jambe diagonale doit faire sentir son action; celle-ci sera toujours proportionnée à l'énergie avec laquelle la bouche de l'animal réagira à la main.

A la neuvième séance, le cheval sera donc travaillé principalement sur les appuyer et la jambette.

La tenue des rênes des figures (5 et 6) pourra rendre de réels services au cours de cette leçon; à moins que le cavalier ne préfère celle que je recommande également, c'est-à-dire, rênes tenues d'une seule main, la rêne du mors de filet du côté du mouvement commandée par quelques doigts de la main opposée à celle qui tient l'ensemble des rênes (fig. 2 et 12).

Pour terminer la reprise du neuvième jour, avant d'être rentré à l'écurie, ou vers la porte du manège, quelques instants avant le pied à terre, le cheval devra exécuter une jambette ou deux à l'appuyer.

Dixième leçon.

Il n'est pas rare de constater, au bout d'une semaine de dressage, que les animaux ont une tendance à nous imposer leur volonté. C'est généralement vers le neuvième ou le dixième jour que le fait se produit. Pourtant le cheval a pris l'habitude de se soumettre, puisque, surpris au début par les mouvements divers qui lui ont été demandés, il ne s'est pas défendu. La résistance qu'il oppose vient du fait que peu à peu il a apprécié les manières du cavalier et qu'il a connu par quels moyens il est commandé. C'est donc son indépendance qui un beau jour se révèle brusquement.

On pourra peut-être me reprocher d'aller trop hardiment dans le dressage, pour expliquer qu'un animal peut entrer en lutte tout à coup contre son cavalier.

Il n'y a pas lieu de s'alarmer du défaut, car, ainsi que je l'ai constaté à chaque fois, le cheval n'oppose à son conducteur qu'une défense facile à réprimer et surtout peu dangereuse.

C'est par le côté opposé au côté commandé que le cheval répond à l'invitation des rênes, malgré l'action des jambes. Quelquefois, on constate même que le sujet met une certaine insistance à répondre en sens inverse. Dans ce dernier cas, qui peut sembler grave, on aura facilement raison de la défense de l'animal, surtout si l'on est prévenu à l'avance. Un peu de patience suffit souvent, car le cheval est vite désarmé lorsqu'il sent le cavalier le commander avec persistance du côté opposé à celui où il cherche à travailler.

Généralement c'est à droite que la première résistance du cheval sera marquée; l'animal refusera de se ployer à l'action de la rêne directe droite, et lorsque cette rêne agira il placera sa tête avec force vers la gauche. La défense peut être gênante pour certaines personnes, mais elle n'aura jamais une violence excessive : l'animal se mettant en placer inverse se trouvera immédiatement avec une force d'impulsion moindre. Le plaquage ferme et maintenu de la rêne du dehors a vite raison du déplacement en sens opposé. Il reste une seule chose, c'est l'incurvation de l'encolure que le cheval cherche à ne pas produire.

On parviendra à imposer sa volonté par le balancer de l'avant-main, en exagérant s'il le faut pendant ce mouvement l'abaissement de la main droite. Il m'est arrivé pour certains sujets d'utiliser la rêne droite courte et la cravache ou l'éperon agissant du même côté. Je stimule ainsi l'arrière-main à se porter à gauche et j'amène à bref délai le ploiement du corps en cercle vers la droite. Dans ce dernier cas, c'est un demi-tour rapide sur l'épaule droite que je cherche à obtenir. Il pourrait se faire que le cheval, actionné par la rêne qu'il refuse, esquisse un pointer plutôt que de se soumettre au demi-tour à droite. On aura raison de son entêtement, en provoquant du côté choisi par l'animal, c'est-à-dire à gauche, un demi-tour rapide et répété quelques secondes, à chaque fois que le déplacement vers la droite ne sera pas accepté. On punit le cheval par son défaut.

Si le cavalier sait donc agir énergiquement, il pourra avoir facilement raison du caractère d'indépendance, qui porte le cheval à lui résister, vers le commencement de la deuxième semaine de dressage.

J'ai cherché à analyser pourquoi le fait se produisait, en vue d'y porter remède. J'avais cru tout d'abord que c'était la meurtrissure des barres, par le mors et du côté droit pendant le dressage, qui devait être incriminée, alors que le côté gauche était moins sensible, parce qu'il avait été plus ou moins violenté pendant la conduite en main. On sait, en effet, que très souvent, le garçon d'écurie en marchant à côté d'un cheval actionne principalement la rêne gauche et peu souvent la droite, qu'il incurve ainsi toujours l'encolure vers la gauche, en tirant vers lui la tête de l'animal; par exemple lorsque le cheval va trop vite ou pour éviter les coups de pied.

En partant de cette idée, j'ai essayé de laisser reposer la bouche des chevaux, en ne les montant au début que tous les deux jours, pour moins meurtrir la barre du côté droit moins habituée au mors. L'expérience ne m'a rien donné de bien concluant. Toujours, après le neuvième ou dixième jour du travail, j'ai remarqué l'inertie sur le mouvement vers la droite.

Il restait donc à accuser l'accoutumance du sujet à la façon de commander du cavalier, et sa familiarisation avec le mors. Comme les mouvements qui sont demandés à l'animal deviennent de plus en plus compliqués, et qu'il n'est plus surpris par le dressage, il cherche à ne pas travailler pour reprendre son indépendance. Celle-ci se traduit par une certaine raideur au travail, laquelle aboutit inévitablement à une plus grande inertie du côté droit, qui est le moins assoupli. C'est donc une sorte de défense que le che val oppose au cavalier, dès qu'il sent celui-ci être moins méfiant. Il sera de première importance, par conséquent, de se mettre en garde contre la résistance que présentent les sujets; aussi je recommanderai au cavalier d'être toujours très attentif, de bien analyser la façon d'obéir du cheval, de manière à pouvoir le reprendre immédiatement. Il utilisera les procédés signalés plus haut, pour avoir raison des difficultés rencontrées chez l'animal dans l'exécution des mouvements à droite.

J'ai mis à la dixième leçon la nécessité de combattre la rétivité relative du cheval. Celle-ci peut se montrer quelques jours plus tôt, comme aussi un peu plus tard. Le jour où elle sera constatée, il conviendra de ne pas chercher à apprendre de nouveaux mouvements au cheval. On se contentera seulement d'obtenir de lui l'obéissance, dans tous les exercices antérieurement faits et que l'on commandera surtout à droite et par la rène droite.

La séance pourra prendre fin vers l'écurie, où le cavalier s'efforcera encore d'obtenir l'exécution du mouvement pour lequel le cheval aura opposé le plus de résistance. Le desseller se produisant presque immédiatement après la soumission de l'animal, celui-ci comprendra mieux la récompense qui lui est accordée après qu'il aura obéi.

Il m'arrive assez souvent de donner à mes chevaux un ou deux jours de repos, après la reprise où j'ai eu à lutter contre eux, mais seulement après avoir obtenu satisfaction. Ce repos est bienfaisant : il diminue la légère courbature qui s'établit inévitablement après quelques jours de travail. Il n'est à recommander toutefois que si l'on a eu la sensation d'avoir vaincu la résistance opposée par l'animal sur le côté droit. Dans le cas contraire, il conviendrait de recommencer le lendemain la séance de la mise au point.

La reprise du dixième jour ne compte pas à proprement parler, puisqu'elle n'est qu'une répétition des séances précédentes. Je l'ai considérée comme nécessaire, puisqu'elle confirme l'entente qui doit exister entre le cavalier et sa monture.

En résumé, au bout d'une semaine de dressage, aussitôt que l'on constatera que l'animal cherche à refuser les commandements, il importera de sacrifier une leçon, pour se contenter d'obtenir de lui sa décontraction, autrement dit « la confirmation de sa soumission ».

Onzième leçon.

Soit qu'elle soit donnée au lendemain du jour où l'on a eu à lutter contre son cheval, soit qu'elle fasse suite à quelques jours de repos, la onzième leçon diffère peu de la neuvième.

On fait d'abord répéter à l'animal les mouvements déjà appris, puis sur la fin on demande l'exécution de la jambette sur le contre-changement de main au pas, c'est-à-dire la jambette des deux côtés.

Une demi-heure environ suffit à faire répéter au pas et au trot l'ensemble des exercices connus; il y aura lieu d'exiger le plus de souplesse possible dans la façon dont ils seront exécutés. Le cavalier s'efforcera de se mettre en rapport avec la bouche de son cheval, en ayant une main souple et une commande de rênes moelleuse et précise. Il devra s'habituer à déplacer ses mains avec adresse et déterminera les divers mouvements tantôt par les rênes séparées (fig. 5 et 6), tantôt par les rênes tenues normalement d'une seule main (fig. 2 et 12). Le changement répété dans la position des mains a surtout pour but de mobiliser la mâchoire du cheval. Il initie en outre le cavalier aux nombreuses manières, peu différentes toutefois, par lesquelles la main peut et doit provoquer la compression, pour que le travail soit rendu avec une certaine agilité.

Pendant la deuxième partie de la reprise on essaiera de faire marcher le cheval en effectuant la jambette. Pour cela, on mettra sa monture sur la piste à l'allure du pas, puis on provoquera une légère compression, de façon à ce que le mouvement en avant soit un peu réduit. Pendant le rassembler on fera agir les rênes d'un côté, comme si l'on invitait le cheval à l'appuyer; puis, opérant une traction franche, ou en secousse légère, on fera produire une jambette, en évitant d'oublier de limiter la compression à l'arrière par la jambe. Aussitôt que le pied antérieur soulevé par le placer aura touché le sol, on laissera marcher l'animal en avant sur un pas. Dès que le mouvement sur la marche ordinaire commencera, on fera produire le rassembler sur la rêne du côté opposé à la jambette qui prend fin. C'est la seule façon de préparer à temps le commandement de la jambette par l'autre antérieur.

Pour que l'animal saisisse bien le mouvement qui lui est demandé, il est de première importance qu'il soit calme et sous une faible compression pendant le rassembler. La jambette au pas sera mieux comprise après l'allure du pas, que faisant suite à une allure vive. C'est donc avec beaucoup de douceur que les rênes et les jambes devront agir, et s'il le fallait, leur action serait adoucie par le cavalier, qui devra parler au cheval et le caresser pendant qu'il lui fait exécuter des jambettes.

Tout d'abord, le lever et le lancer des membres antérieurs au pas seront demandés des deux côtés, à plusieurs reprises. Tantôt on commencera par le membre droit et on terminera par celui du côté gauche; tantôt c'est ce dernier qui sera invité à la jambette avant celui du côté opposé. Dans tous les cas, il faudra toujours faire répéter le mouvement du même côté si, à la suite d'un placer incertain ou mal compris, l'animal répondait en exécutant la jambette par le membre non commandé.

Le cavalier pourra se rendre compte qu'il lui est assez facile, surtout s'il agit avec douceur, d'obtenir deux jambettes, l'une à droite et l'autre à gauche ou inversement, séparées par un seul pas. Pendant la séance, il lui sera même possible de faire produire trois mouvements consécutifs, soit deux d'un côté et un du côté opposé. Dès ce moment, il devra changer à chaque fois le côté par lequel les jambettes commenceront. Peu à peu, il sentira que le cheval a une tendance à marcher au pas espagnol. Si l'allure en avant était par trop énergique et empêchait la jambette, la rêne qui a déterminé le placer serait maintenue tendue, jusqu'au moment où celle qui va commander le lever du membre de l'autre côté serait prête à être actionnée. Il ne faudra pas perdre de vue qu'il faut, pour la bonne exécution du mouvement, que l'impulsion en avant produite par les membres postérieurs soit franche, ample, assez calme toutefois. Le cas inverse faciliterait le relever du train antérieur et l'affaissement des membres propulseurs, défaut *a priori* contraire au tride de l'allure, à la marche en avant, et qui pourrait en s'accentuant dégénérer en reculer ou en cabrer, chez des sujets nerveux ou irritables.

On évitera le défaut à coup sûr, en invitant le ressort animal à donner une détente horizontale. Il suffira donc d'exagérer l'abaissement de la main qui actionne la bouche du côté où le membre exécute la jambette. De la sorte, le gouvernail de l'allure étant bien placé, le membre antérieur soulevé se repliera moins à l'articulation du genou, et son extrémité inférieure sera lancée très en avant à la fin du mouvement. Le train postérieur aussi marquera un pas très ouvert, si la jambe du cavalier s'est raidie franchement pendant le soutien de l'antérieur. Il se produit, en résumé, un pas d'appuyer plus ou moins énergique.

Je n'ai jamais vu les chevaux refuser le mouvement jambette au pas, après les leçons qui ont précédé. Aucun d'eux, non plus, n'a accusé un reculer pendant ce début de la marche au pas espagnol, commandé pourtant avec les rênes assez tenues. Au contraire, j'ai toujours constaté que les sujets se plaçaient volontiers en bonne position de tête et d'encolure dès les premières jambettes.

Sans exagérer les commandements, à la fin de la onzième leçon on aura intérêt à faire répéter à l'animal la jambette au pas, sa tête dirigée vers l'écurie, avant de mettre pied à terre. C'est une façon d'obtenir du cheval une certaine énergie dans le lancer des membres, comme aussi une amplitude plus grande dans le pas marché par les membres postérieurs.

Douzième leçon.

La plupart des exercices de la onzième reprise pourront être demandés le lendemain. Il faut avoir soin toutefois de ménager le cheval à l'allure du trot, afin qu'il ne fatigue pas outre mesure et puisse accepter sur la fin du travail, sans défense, la jambette au trot. Le cavalier pourra donc supprimer les flexions de tête, la serpentine et le balancer, pour ne pas rendre trop longue la séance du douzième jour.

Comme la veille, la jambette au pas sera demandée : tout d'abord sur le contre-changement de main d'un côté, puis de l'autre, enfin sur la piste, l'animal marchant droit. Le cavalier essaiera de faire produire trois jambettes successives pendant la marche, en évitant d'affoler le cheval par des commandements saccadés. Il devra aussi varier le premier placer de la rêne, à chaque série de trois jambettes, afin que le pas espagnol soit commencé tantôt par le membre antérieur droit, tantôt par celui du côté gauche.

La progression de la douzième reprise comprend en outre : *la jambette au trot.* Voici comment elle sera obtenue.

L'animal prendra d'abord le trot, puis sera mis à l'appuyer sur la demi-volte ordinaire. Pendant la marche sur deux pistes, qui termine cette dernière figure de manège, on actionnera les rênes dans leur ensemble, pour augmenter le rassembler. Le soutien de la main, qui provoque une retenue dans la marche, sera de courte durée et assez doux. Il sera suivi aussitôt après, et sans que l'allure ne subisse de modification, d'une compression latérale du côté de l'appuyer commencé, à obtenir par la main secouant deux rênes ou celle du mors de filet seulement. Le rassembler déterminé pendant le trot augmente; comme il se produit sur un seul côté, il engendrera le lancer du membre, si concurremment la jambe du cavalier diagonalement opposée à la main vient se serrer en arrière des sangles.

Il arrive souvent que le cheval est surpris par le nouveau commandement de la rêne, pendant l'allure du trot. On constate quelquefois que le léger bond qui doit marquer la jambette ne se produit pas. Dans ce cas, il faut insister et secouer la rêne avec persistance. L'agitation du mors d'un côté finit par énerver le sujet, qui généralement se met en compression latérale énergique. Pour gagner du temps, il convient d'utiliser ce rassembler. Si l'animal venait à ne pas comprendre, la rêne du côté du placer serait secouée s'il le fallait jusqu'à l'arrivée de l'animal sur la piste. Dès ce moment, on arrêterait l'allure du trot, pour commander la jambette au pas, sans laisser perdre le rassembler.

Aussitôt que le membre antérieur du sujet est soulevé, le cavalier fixe brusquement la jambe diagonale, violemment même, pour que le départ au trot soit obtenu le plus tôt possible. On ne remet l'animal au pas qu'après une vingtaine de mètres parcourus à l'allure vive.

Il est bien rare que le cheval, commandé une ou deux fois ainsi que je viens de le dire, se refuse au lancer du membre en avant et au trot. Pour amener un résultat rapide, il faut, en outre, que les secousses produites par la main qui tient la rêne de placer soient assez fortes, de façon que, par contre-coup, lorsque la jambe du cavalier actionnera vigoureusement, faisant appel à l'énergie du sujet, la compression soit bien marquée. Si alors la main est tirée par la bouche du cheval, un léger déplacement de cette main par en bas, puis en avant, pour tendre davantage d'abord et relâcher ensuite la rêne, invitera l'animal à faire un petit bond, c'est-à-dire à répondre par une jambette du côté du placer.

Dès qu'on aura la sensation que les deux membres au commandement ont effectué quelques lancer, au trot, on pourra récompenser l'animal en lui faisant quitter le manège.

Dans la direction de l'écurie, comme la veille, le

cheval devra à plusieurs reprises exécuter avant d'être dessellé quelques jambettes au pas et à l'appuyer. Certains animaux, se sentant commandés avec insistance, feront volontiers ce jour-là beaucoup plus de trois pas, si la personne qui les monte sait les mettre en confiance dans le mouvement et surtout les calmer, pour que le déplacement vers l'écurie se fasse lentement.

Dans cette fin de reprise, comme d'ailleurs dans beaucoup d'autres, il y a lieu de chercher à lutter en douceur contre la distraction du cheval provoquée par la proximité de la mangeoire. On agira donc avec une certaine énergie et pendant un certain temps, si l'animal marquait un mauvais vouloir. En tout cas, la rentrée définitive à l'écurie ne se fera qu'après un mouvement soumis.

Treizième leçon.

Pendant la treizième leçon du dressage, le cheval ne sera initié à aucun mouvement nouveau. On exigera surtout de lui le perfectionnement des derniers exercices appris, tels que le pas espagnol et la jambette au trot. Quant aux premiers mouvements, ils pourront être demandés également mais sans insistance; il peut être supposé que l'animal les connaissant suffisamment pour les avoir répétés un peu tous les jours, leur exécution ne doit plus avoir besoin d'être corrigée.

Donc, à partir de la douzième reprise, le seul souci du cavalier sera surtout de chercher à obtenir un perfectionnement dans le pas espagnol et la jambette au trot.

Le treizième jour, le cheval sera commandé de temps à autre au pas espagnol, soit sur l'appuyer, soit sur la marche directe, en s'efforçant de lui faire produire des jambettes successives, dont le nombre augmentera peu à peu. Généralement, l'animal prendra vite l'habitude de la marche au pas relevé. Pour bénéficier toutefois du résultat déjà acquis, il suffira de laisser au cheval le goût du mouvement : il vaudra donc mieux l'arrêter après cinq ou six jambettes, que de chercher à le laisser marcher trop longtemps.

Quant à la jambette au trot, on la provoquera de temps à autre comme la veille, sur la demi-volte ordinaire tout d'abord. Lorsque le cheval aura accusé la soumission et exécutera sans trop de retard le lancer du membre, on pourra essayer de lui demander la jambette sur la demi-volte renversée. L'animal ne fera généralement pas de difficultés, si le placer de la rêne pendant l'appuyer est bien marqué; de même si l'action de la main sur la bouche, pour inviter à la jambette, a de l'uniformité.

Au cours de la même reprise, il sera possible d'obtenir du sujet la jambette sur le contre-changement de main, c'est-à-dire une fois à droite et une à gauche ou inversement, suivant le côté de la marche.

Il ne faudra pas perdre de vue que les divers mouvements sur l'appuyer énervent beaucoup les chevaux. La marche sur deux pistes pour être bien faite doit donc être demandée souvent, mais peu à chaque fois.

La rentrée à l'écurie se fera comme la veille, à moins que l'animal ait donné un pas espagnol énergique pendant la reprise, auquel cas il sera libéré de tout travail à la sortie du manège.

Quatorzième leçon.

Connaissant par les deux leçons qui ont précédé l'action des aides diagonales dans le commandement de la jambette au trot, le cheval pourra être désormais travaillé sur ce dernier mouvement en marchant droit. C'est l'exercice que le cavalier demandera surtout pendant la nouvelle reprise.

Lorsque le cheval sera mis en confiance dans le mors, par un certain nombre de mouvements au pas et au trot, il lui sera commandé la jambette au trot, sur les demi-voltes ordinaire et renversée et sur le contre-changement de main. Ces figures de manège seront répétées quelquefois seulement.

Le cavalier s'efforcera ensuite de provoquer la jambette pendant la marche au trot en ligne droite et sur la piste. Pour cela, il mettra le sujet à l'allure du trot ordinaire, avec une tenue de rênes séparées. A un certain moment, l'allure sera légèrement ralentie et des flexions de tête à droite et à gauche seront provoquées. Peu après, l'action produite par la rêne dans les exercices de flexion sera modifiée; on la fera sentir à la bouche du cheval par secousses légères et pendant le rassembler. L'animal comprend assez vite et souvent du premier coup ce que l'on cherche à obtenir de lui; aussi, à la traction répétée d'un côté, il répond par un lancer du membre au trot. Il importe de placer assez bas la main qui demande les flexions de tête, comme aussi de laisser glisser les rênes aussitôt que le cheval s'élance en avant, pour que la détente ne se produise pas en hauteur. Quand le mouvement sera obtenu d'un côté, on laissera l'animal s'échapper au trot ordinaire pendant quelques foulées; on rassemblera à nouveau pour demander avec les mêmes précautions la jambette du côté opposé.

L'exercice sera répété à plusieurs reprises au cours de la leçon et à des intervalles assez longs.

On remarquera que je recommande de laisser le cheval s'échapper légèrement après la jambette. On retirera d'emblée un certain avantage de cette pratique, car le sujet au dressage prendra l'habitude de se lancer assez énergiquement en avant à chaque jambette. Le cheval n'aura donc pas dans la suite l'idée de s'arrêter ou de pointer, si à un moment donné la main, commandant une jambette, venait à opérer involontairement une traction violente sur les rênes.

Quinzième leçon.

On profitera de la quinzième leçon pour accorder au cheval un demi-repos. La séance sera de courte durée; elle ne comprendra que très peu d'exercices, le cavalier se contentera d'exiger de son cheval une exécution souple de la jambette. Ses efforts viseront simplement à obtenir la soumission du sujet aux divers commandements. On ne devra se montrer satisfait que si les jambettes sont bien produites après le placer; les lancer des membres antérieurs qui ne feront pas immédiatement suite à la demande de la rêne seront par conséquent réprimandés par la voix ou par les jambes. On évitera ainsi que le sujet ne prenne l'habitude de jeter ses membres en avant, accusant cette défense pour quitter le rassembler. Si la chose était constatée, il ne faudrait pas hésiter à provoquer la jambette jusqu'à ce qu'elle soit obtenue suivant la volonté du cavalier et non à tort et à travers, suivant la disposition du cheval qui finirait par agir à sa guise.

Après le mouvement de la jambette au trot, soit que celle-ci soit exécutée en ligne droite, en flexion de tête, ou même sur l'appuyer en placer, il arrive souvent que le cheval accuse un pas de trot assez long. L'animal a l'air de fuir en avant, la tête basse, en tirant sur les rênes comme pour se débarrasser de leur action. Il ne faudra pas attacher trop d'importance à cette détente assez forte. Elle n'est que la conséquence du lancer en avant de la machine, et elle indique, si elle est bien accusée, que les membres postérieurs, au lieu de rester traînants sur le sol, poussent convenablement et au maximum. Il faut savoir se rappeler à ce sujet que, dans la suite, l'air relevé du passage aura d'autant plus de tride, que l'ouverture et la fermeture des angles des rayons propulseurs seront plus accusées.

La quinzième leçon se résumera en un exercice principal : la jambette au trot correctement et énergiquement obtenue.

Seizième leçon.

Quelques mouvements d'assouplissement marqueront d'abord le début de la séance. On passera ensuite à la marche au pas espagnol sur quelques mètres, puis la jambette au trot sera demandée au cheval. On n'insistera pas démesurément ce jour-là sur ce dernier mouvement, que le cheval connaît, et qui n'est d'ailleurs que transitoire; on s'efforcera par contre de commencer à engager l'animal *sur le piaffer*, qui est le nouvel exercice à lui apprendre avant le passage.

Si l'on a procédé comme je l'ai bien spécifié pour la jambette au trot, il sera facile de faire réaliser au cheval, à bref délai, un piaffer assez bien marqué et énergique à la fois.

Le mouvement sera indiqué sur le trottiner, en faisant produire une compression d'arrière en avant, à l'aide des jambes actionnant vivement. Elles remplacent en la circonstance la chambrière utilisée parfois dans certains manèges pendant le travail aux piliers.

Le cheval, impressionné par la pression des jambes, engage brusquement son arrière-main, vousse son rein. Si le cavalier prend le soin de fixer les rênes pour empêcher la jambette ou un déplacement vers l'avant, si pour cela il tient les mains assez bas, et s'il se penche lui-même légèrement en avant, il se produit, après l'engager des membres postérieurs, un sautiller d'un pied de derrière sur l'autre. Dès le début, il y a lieu de demander au cheval un piétinement postérieur donné sans trop de précipitation mais assez énergique. On y arrive : par le mollet ou l'éperon porté en arrière, par la cravache agissant sur les reins et tenue dans la main droite, ou encore par des appels de langue cadencés, suivant la mesure que l'on veut donner au passage.

Ces dernières précautions n'ont pour but que de stimuler l'énergie du sujet, pour rendre le piaffer plus efficace par la suite. Après quelques petits bonds énergiques, il faudra toujours desserrer les doigts posés sur les rênes pour laisser le cheval gagner de l'avant.

Le piaffer pourra être demandé à plusieurs reprises au cours de la séance, jusqu'au moment où l'on constatera que l'animal le rend avec une certaine énergie.

Dix-septième, dix-huitième, dix-neuvième et vingtième leçons.

A partir de la dix-septième leçon, le travail qui sera demandé à l'animal variera très peu d'un jour à l'autre. On se contentera de chercher au début des reprises à mettre l'animal en bonne condition d'appui sur le mors, par quelques-uns des mouvements ordinaires qu'il connaît déjà, et en allant toujours progressivement, des plus simples aux plus compliqués.

Une bonne partie de la séance sera consacrée aux exercices de jambette au pas, à la marche au pas espagnol, à la jambette au trot. Puis l'attention du cavalier visera surtout à obtenir la cadence au piaffer. Comme celui-ci fatigue assez le cheval, je recommanderai de ne pas le demander trop longtemps à la fois, à cause de la dépense importante d'énergie qu'exige la compression qui précède le passage. Cette mise en œuvre de l'excitation nerveuse ne peut être exigée pour une longue durée chez un animal non habitué encore. C'est pour cela qu'il y a lieu de laisser reposer souvent, pour recommencer de temps à autre.

On a vu à la seizième leçon le début du piaffer. Lorsque l'animal engage bien ses membres postérieurs, et, dans ce cas, l'élévation de la croupe, le fouaillement de la queue, la nervosité de l'animal l'indiquent au cavalier, la main de celui-ci secouera légèrement une rêne, pour indiquer que la jambette doit suivre l'engager. Le lancer en avant des membres antérieurs une fois produit, on aura soin de marquer un arrêt par une certaine pression sur les rênes pour retenir l'allure en avant. L'action sur la bouche devra se faire sentir à chaque pas, si l'on veut que le passage soit bien cadencé.

C'est progressivement que le nombre des lancer des membres antérieurs en jambette devra augmenter. C'est aussi tantôt sur un côté, tantôt sur l'autre, que le cheval sera invité à se dégager après le piaffer. Enfin, la jambette sera demandée, tantôt en flexion de tête et en ligne droite, tantôt sur l'appuyer, par la flexion ou par le placer.

Il peut arriver que l'on ait affaire à un sujet qui marque un peu de raideur dans le rein et le train postérieur. Dans ce cas, pendant la compression qui marque le piaffer, le cavalier devra balancer sa monture par l'arrière; il tiendra les jambes près, en faisant même agir l'éperon d'abord d'un côté, puis de l'autre, pour déplacer les hanches. Le balancer assouplira aussi à bref délai le rein du sujet tout en préparant sa musculature.

Ainsi donc, le passage sera obtenu peu à peu et en quelques jours, lorsque le cheval aura pris l'habitude de la jambette au trot. Il suffira de bien arrêter ce dernier geste au début du piaffer, puis de le provoquer pendant le piaffer, pour obtenir assez vite l'air relevé du passage.

Je n'irai pas avancer ici que l'allure sera exempte de critiques et qu'elle sera connue de l'animal dès les premiers jours. Evidemment non, mais on aura très peu à faire par la suite, puisque le cheval, par habitude, soulèvera ses membres postérieurs et poussera en avant si la tête est tenue basse pendant la jambette.

Suivant les sujets, il faudra encore compter, après que le mouvement sera compris, cinq, six, huit jours, pour que la souplesse soit suffisante à la bonne exécution du passage.

Je recommanderai une fois la cadence obtenue de terminer les séances en dehors du manège, l'animal la tête vers l'écurie. Le déplacement en avant sera mieux marqué, plus accusé, plus énergique, conditions indispensables pour habituer assez vite le cheval à donner une bonne impulsion du train postérieur...

On sera peut-être surpris de la progression que j'ai adoptée jusqu'ici pour le dressage. En effet, dès le troisième jour, on exige des chevaux des exercices variés, assez difficiles *a priori*, tels que l'appuyer au pas et au trot par exemple; puis, vers le quinzième jour, on commande le passage.

J'insisterai à ce sujet en déclarant qu'il n'y a pas lieu d'hésiter. Au contraire, on constatera que mon mode de dressage est accepté volontiers par tous les sujets. La succession dans les mouvements fatigue moins les chevaux que le même exercice souvent répété. L'attention des animaux est plus tenue en éveil, leur soumission est plus facile à obtenir. D'ailleurs, ainsi qu'on a pu le remarquer, le but que je vise est surtout de procéder au dressage par le calme, et c'est principalement par l'allure ralentie que je donne confiance aux chevaux. Le pas berce les animaux tout en les fatiguant légèrement. Les nombreux déplacements que les mouvements nécessitent hâtent la flexibilité des mâchoires et favorisent du même coup la mise en position régulière de la tête. Celle-ci bien placée, le mors n'est plus un instrument de torture pour le cheval, il devient pour lui un jouet qui préoccupe toute son attention. Il est donc facile de commander, car l'animal ne se défend pas.

Après avoir donné les vingt leçons qui précèdent, le cavalier aura pu analyser les diverses oscillations subies par la tête et l'encolure, comme aussi les résultats que l'amplitude du déplacement de ces deux

Indications générales au sujet de la progression à suivre avant le galop.

	DOUBLER.	VOLTE.	FLEXIONS DE TÊTE.	SERPENTINE.	APPUYER.	JAMBETTE.
1er jour....	Au pas.	Au pas.	Au pas.	Au pas.	—	—
2e — ..	Pas et trot.	Pas et trot..	d°	d°	Au pas.	—
3e — ..	id.	id.	Pas et trot.	Au trot.	Au trot.	—
4e — ..	id.	id.	id.	id.	id.	—
5e — ..	id.	id.	id.	id.	id.	Au repos.
6e — ..	id.	id.	id.	id.	id.	Au repos et à l'arrêter.
7e — ..	id.	id.	id.	id.	id.	A l'arrêter.
8e — ..	id.	id.	id.	id.	id.	A l'appuyer au pas.
9e — ..	id.	id.	id.	id.	id.	id.
10e — ..	id.	id.	id.	id.	id.	id.
11e — ..	id.	id.	id.	id.	id.	Aux deux jambes.
12e — ..	id.	id.	id.	id.	id.	Aux deux jambes. Au trot.
13e — ..	id.	id.	id.	id.	id.	id.
14e — ..	id.	id.	id.	id.	id.	En flexion.
15e — ..	id.	id.	id.	id.	id.	id.
16e — ..	id.	id.	id.	id.	id.	Piaffer.
17e — ..	id.	id.	id.	id.	id.	Piaffer. Jambette.
18e — ..	id.	id.	id.	id.	id.	id.
19e — ..	id.	id.	id.	id.	id.	Piaffer. Passage.
20e — ..	id.	id.	id.	id.	id.	Passage.

régions permet d'obtenir. Il pourra conclure alors que, lorsque la compression en arrière ou sur un côté sera bien marquée et sentie, la détente dans le mouvement en avant ou latéral aura plus d'intensité. Il se sera rendu compte aussi que la compression sera obtenue d'autant plus facilement que l'animal sera plus énergique, conséquemment vibrant mieux à la main. Il sentira aussi qu'à tout instant le commandement peut et doit subir des variations jusqu'au moment où un mouvement parfaitement compris peut être accepté et exécuté sans difficulté par l'animal.

Leçons sur le travail au galop.

Dans les leçons qui précèdent, il n'a pas été encore question du dressage du cheval au galop. C'est volontairement que j'ai omis d'en parler jusqu'ici, car tout au début je néglige l'allure allongée, pour pouvoir concentrer toute l'attention du cheval sur des mouvements qui exigent plus de soumission de sa part.

Le galop est, en effet, une allure naturelle; le cheval pourra donc l'exécuter avec facilité, même monté, et après avoir été très peu préparé. Le galop excite les montures qui ne le marchent avec calme qu'après un temps assez long. Aussi, qu'arrive-t-il si l'on utilise le galop au début ? Les articulations des membres subissent des commotions violentes, parce que le système musculaire n'est pas suffisamment dense et entraîné pour supporter et amortir une partie des réactions. Les tares apparaissent, elles sont d'autant plus à craindre que le galop énerve les animaux; l'amplitude des mouvements pendant cette allure est plus grande aussi, les heurts vers les attaches articulaires sont donc plus forts.

C'est toutes ces considérations qui ont motivé chez moi une appréhension sérieuse, me forçant à réserver le galop pour le moment où je sens que le cheval, soumis à la commande des rênes, n'exécutera qu'un galop calme, préférable à tous les points de vue à celui qui serait donné avec précipitation ou affolement.

Puisque le galop est assez naturel chez le cheval, il n'est pas utile de se presser pour chercher à l'obtenir. Il n'y a donc pas lieu d'hésiter à adopter le système que je préconise, et qui permet d'avoir dans le minimum de temps les diverses variétés d'allures, le maximum de dressage, tout en conservant l'intégrité des membres du cheval.

Dès que le sujet au dressage aura exécuté le travail indiqué dans les vingt premières leçons, on pourra sans crainte commencer à le préparer au galop. Même si le passage à ce moment-là n'était pas donné avec beaucoup de brio, il n'y aurait aucun inconvénient à demander au cheval une allure nouvelle. Le galop, d'ailleurs, n'exigera pas un grand effort de l'animal, qui connaît déjà le placer d'une façon parfaite, et qui a été habitué jusqu'ici à engager ses postérieurs et à donner les deux membres antérieurs au commandement. Le départ au galop sera pour lui très simple et il l'exécutera avec assez de facilité.

A ce sujet, je puis dire qu'un cheval esquissé au passage accepte volontiers le départ au galop et prend cette allure dans un calme extraordinaire; que, par contre, il donne un tride non encore obtenu à ses appuyers, à son passage, etc..., dès les premiers jours où il est préparé sur le galop.

C'est ce qui expliquera, une fois de plus, qu'en retardant la mise au travail du cheval au galop je bénéficie de toutes les facilités, puisque mon élève apprend d'abord mieux, étant plus soumis et moins affolé, et qu'ensuite j'obtiens de lui le galop sans effort, puis concurremment un relèvement de toutes les allures déjà apprises.

J'avais essayé, comme beaucoup, de suivre la marche ordinaire du dressage, en partant des mouvements simples pour arriver aux plus compliqués. Je donnais la leçon du galop bien avant celle du passage. En agissant ainsi, j'obtenais également de bons résultats, surtout que mes commandements étaient faits en connaissance de cause. Mais je me suis heurté à un inconvénient sérieux : c'est d'être obligé, à un moment donné, de lutter contre mes montures pour pouvoir les rendre attentives, le galop les ayant plus ou moins excitées pendant le travail.

C'est donc gagner du temps pour arriver au même résultat, que de suivre la progression que je donne dans cette étude...

Trois ou quatre leçons principales suffiront à un

cavalier pour apprendre l'allure du galop à un cheval, et pour arriver à lui faire exécuter à la même allure quelques changements de pied au commandement.

Je suis assez partisan d'éviter de fatiguer les membres des sujets par le galop; aussi, je recommanderai de le faire répéter journellement sans le demander trop longtemps à chaque reprise.

Voici la méthode très simple que j'utilise pour la préparation de mes chevaux à l'allure allongée, dès qu'ils connaissent les vingt premières leçons de mon dressage.

Au milieu d'une reprise, après que le mors est bien accepté par la bouche de l'animal, je fais marcher le sujet à l'allure d'un trot un peu vite, pendant que la tête et l'encolure sont laissées assez libres. Ainsi, je cherche à indiquer au cheval, qui, jusqu'ici, a pris l'habitude de se rassembler, une marche plus allongée que celles qui lui ont été commandées. Après quelques tours, faits au trot accéléré libre, les rênes sont reprises très légèrement, pour indiquer qu'un commandement va avoir lieu. On plaque alors sur l'encolure, soit la rêne de filet d'un côté, soit les deux rênes, pendant qu'une action des jambes ou encore une secousse violente sur la selle agissant en même temps, détermine le départ au galop. Attaqué ainsi, le cheval se prépare à prendre l'allure désirée, en engageant son train postérieur, pour donner le membre antérieur correspondant au placer, ainsi qu'il le fait lorsqu'il veut s'échapper au passage. Comme cette dernière allure est impossible après un trot rapide, il arrive que le cheval, malgré lùi, va de l'avant pendant la jambette. Il effectue donc un léger saut, qui n'est autre qu'un pas de galop.

Certains animaux, après avoir marqué un départ au galop, continueront cette allure d'eux-mêmes. D'autres, hésitant au début, auront une tendance à cesser le mouvement après l'avoir esquissé sur un pas. Avec eux, il suffira de piquer de l'éperon ou d'user de la cravache, en agissant surtout diagonalement à la rêne du placer. De la sorte, le premier pas de galop sera suivi d'un engager portant l'animal à marcher énergiquement. Le galop continuera donc, puisque c'est lui qui aura d'abord été marqué, le cheval étant dans l'impossibilité d'attaquer une allure moins rapide.

Une autre faute est commise dans ce début par certains chevaux qui, surpris, après avoir marqué un ou deux pas de galop, grandissent leur allure, et accusent des détentes en avant des membres antérieurs en jambette. Leur erreur vient de l'habitude qu'ils ont acquise jusqu'alors en donnant souvent le passage. Pour corriger ce petit inconvénient, qui pourrait paraître de la rétivité à certains cavaliers, il est nécessaire de laisser la bouche de l'animal sans soutien, aussitôt que le passage non demandé commence à être produit.

Ainsi donc, on commande le départ au galop avec les rênes assez libres, on stimule l'animal dans la marche en avant. Si le cas que je signale plus haut était constaté malgré ces précautions, c'est que l'on aurait affaire à un sujet entrant en compression par le seul fait du poids du mors et des rênes qui y sont attachées. Pour empêcher cette compression non demandée et gênante, on desserrerait les doigts, ce qui paralyserait le passage. On ferait alors repartir l'animal au trot allongé libre. Quelques départs au galop, après un trot rapide, suffiront à décontracter un cheval se mettant dans la position d'un puissant rassembler. Laissé libre de s'allonger, le sujet prend de lui-même l'allure d'un galop aisé, qu'il suffit, de temps à autre, de stimuler par des déplacements d'assiette.

Tout au début, la marche au galop sera prise sur un demi-tour de manège et sur chaque pied. Je suis assez partisan de ne pas changer de main, quand il s'agit de faire produire un départ sur le pied opposé au centre du manège, comme aussi de faire tout le possible pour provoquer le galop sur la ligne droite en évitant d'utiliser les tournants. En suivant ma méthode quand on commence le galop, on s'adresse en effet à un cheval qui sait faire la jambette aux deux mains, et qui connaît parfaitement le placer. C'est donc par celui-ci que l'on commandera le galop, et non en utilisant la marche en cercle sur les tournants.

Indistinctement, on exigera de son animal, sans changement de main, des départs à droite et à gauche, pendant la marche sur le grand côté du manège. Egalement, par un placer un peu exagéré de la rêne, aidé de la jambe du dedans bien appuyée, on cherchera, dans les premières séances, à maintenir l'animal galopant à faux dans les tournants, lorsqu'on aura commandé l'allure sur le pied de l'extérieur.

Travaillé ainsi, un sujet devient vite soumis à la commande des rênes. Il ne se laissera pas aller à n'obéir qu'à l'inclinaison du corps qui s'établit dans un tournant, pour s'embarquer au galop sur le pied de l'intérieur, comme cela se produit dans le dressage ordinaire.

Pendant quelques reprises, le cavalier ne demandera à son cheval que de rares départs au galop, aux deux mains, et sur chaque pied. Les repos ne seront accordés qu'après deux départs, faits chacun sur un membre antérieur. Dans la suite, on fera exécuter à l'allure du galop les quelques figures de manège : volte, demi-volte, appuyer, que l'animal, dans maintes circonstances, a déjà produits au pas et au trot. On n'éprouvera pas beaucoup de difficulté en exigeant ces exercices, si, pendant quelques jours, on a su faire travailler le cheval comme je l'ai dit plus haut. Une volte rappellera à l'animal un tournant prolongé, de même la marche circulaire sur la demi-volte; quant à la ligne droite de l'appuyer sur la demi-volte, elle ne sera pour le sujet qu'une répétition de l'exécution, sur le petit côté du manège, d'un galop à faux.

On aura donc raison de l'animal à bref délai, à condition de bien marquer le placer, en l'exagérant si c'est nécessaire, et en n'abusant pas de la longueur du temps de galop, qui, inévitablement, finirait par énerver le cheval.

Changement de pied au galop.

Beaucoup sont partisans, après l'appuyer que comporte la demi-volte et aussitôt que l'animal arrive à la piste, de changer brusquement le placer pour faire produire un changement de pied. Tout au début, j'aime mieux m'abstenir de cette manœuvre; aussi, je maintiens un certain temps mon animal dans la même position, même lorsqu'il a rejoint le grand côté du manège, après la demi-volte. Cette façon de procéder fait que mon élève, restant attentif, ne cherche pas dans la suite à changer de pied en arrivant à la piste, avant qu'il n'ait été commandé.

Ce que je signale a une certaine importance. Il faut, en toutes circonstances, que le cavalier soit le maître de sa monture. Le cas ne se produirait plus si le cheval était favorisé peu à peu, pour galoper sur un pied, avant qu'il n'y ait été invité par un placer convenable. L'action du cavalier deviendrait alors presque nulle, elle serait même paralysée à bref délai, car l'animal aurait vite compris que galoper en sens inverse du placer a pour conséquence un abandon des rênes et l'embarras du cavalier. C'est ce qu'il faut toujours éviter.

Pour obvier à cet inconvénient et amener le changement de pied, je laisse marcher mon animal au galop pendant un certain nombre de pas, sur la ligne droite suivie après l'appuyer finissant la demi-volte, puis je commande un ralentissement de l'allure, en exigeant même le trot pendant quelques secondes si l'animal écoute insuffisamment. Je change alors mon placer et je repars sur le pied opposé. Habitué ainsi, le cheval n'abandonne pas les rênes; au contraire, il augmente son rassembler en se mettant en meilleure condition d'obéissance. Il ne faut pas, toutefois, exagérer le ralentissement d'allure avant de faire changer de pied, sous peine d'asseoir le cheval. C'est plutôt une modification d'allure, la tête de l'animal placée bas et non en hauteur, qu'il faut chercher à obtenir et non un relèvement de l'avant-main.

Si donc le cavalier veut faire produire le changement de pied à son cheval, c'est sur la ligne droite que le mouvement devra être demandé.

C'est par la bascule du poignet gauche, le pouce porté en avant et à gauche, la main gauche déviée dans son ensemble vers le côté droit du cavalier, que le placer de la rêne gauche sera produit. Le plaquer de la rêne droite sera déterminé en portant les deux mains à gauche. Il est indispensable que la commande par les rênes ait toujours lieu en temps voulu. C'est pour cela que je préconise d'agir surtout par le mouvement du poignet gauche, pour placer la rêne gauche de filet : un changement de tenue de rênes ayant inévitablement pour résultat un avertissement du cheval et un retard toujours préjudiciable. La bascule du poignet gauche est le mouvement principal dans le changement de pied; il est facile à produire, et, combiné à un déplacement latéral de la main, il amène toujours en temps voulu l'effet recherché.

L'action diagonale des jambes ne doit pas être oubliée. Elle est amenée mécaniquement par le déplacement du corps du cavalier sur la selle, chose qui se produit d'une façon bien marquée, si l'on sait exagérer les mouvements des poignets. Ceux-ci, déplacés à droite (dans le placer à gauche), amènent le contact de la jambe droite. Lorsqu'ils sont portés vers la gauche (dans le placer à droite), c'est la jambe gauche qui vient actionner. Le cavalier n'a donc qu'à bien tenir ses jambes près du corps de l'animal, sans chercher à exagérer un effet qui se fera sentir de lui-même, si la commande par la main est bien accusée.

On commencera d'abord par un simple changement de pied. Après une bonne exécution, on accordera un repos assez long. Peu à peu on demandera un deuxième et un troisième changement de pied sur la ligne droite avant de mettre à l'allure du pas libre. On arrivera ainsi, progressivement, à l'exécution du changement de pied au temps, que l'animal effectuera avec calme, si l'on sait bien demander dans chaque mouvement la soumission au placer.

Certains chevaux prennent de préférence et plus aisément le galop sur un pied que sur un autre. Il faudra donc que le cavalier cherche à équilibrer la machine dont il dispose, en dirigeant le travail au galop, pour que des départs et des changements de pied soient plus souvent demandés sur le côté qui paraît le moins assoupli.

Pendant les reprises où le galop sera appris au cheval, il ne faudra pas négliger de faire répéter les divers airs de manège que l'animal connaît déjà, comme aussi de faire exécuter toutes les figures et à toutes les allures.

On a pu voir que je recommande de ne pas utiliser l'arrivée sur la piste pour faire changer de pied. Je ne conseillerai pas non plus le contre-changement de main, avant que le cavalier n'ait réellement eu la sensation que sa monture lui obéit bien. Le cheval pourrait, sans cela, organiser en défense le rentrer sur la piste que comporte le deuxième temps du contre-changement de main, pour refuser ensuite de s'engager dans le milieu du manège.

On sera toujours assez discret pour ne pas abuser de la bonne volonté d'un cheval qui exécuterait avec facilité des changements de pied. L'exercice au galop ne devra jamais être trop astreignant pour l'animal en dressage. Plus qu'aux autres allures, on s'efforcera de lui donner le goût du mouvement, en lui accordant souvent des repos prolongés et en le laissant marcher de temps à autre à un galop libre, non allongé, pour le décontracter de la compression exigée par des départs ou des changements de pied.

Après deux semaines d'exercices, un cavalier peut arriver à obtenir au galop toute satisfaction. Cela porte environ à dix ou quinze reprises au maximum le travail que la nouvelle allure exige pour être apprise dans tous ses détails...

Si la machine animale pouvait produire sans entraînement une certaine somme de travail, je pourrais avancer que les vingt leçons fondamentales de mon dressage, suivies d'une quinzaine de reprises pendant lesquelles le galop est appris, seraient amplement suffisantes pour la mise parfaite d'un cheval en haute école.

Il convient de faire la part des choses et savoir éviter une exagération, qui nuirait inévitablement à l'intégrité des membres des sujets en dressage. On doit donc ménager l'énergie des montures en reportant sur des exercices ultérieurs le perfectionnement des allures et des mouvements déjà appris. Par ma méthode, on dressera vite, le fait est facile à vérifier. Il sera prudent de ne pas chercher en l'employant à abuser de la soumission qu'elle exige du cheval. La beauté des allures, l'amplitude des mouvements, ne s'acquièrent que peu à peu, au fur et à mesure que la musculature devient plus importante et que l'élasticité est obtenue dans certaines articulations.

Chaque mouvement sera exigé de temps à autre, et c'est par leur répétition journalière que la fierté dans leur exécution sera de plus en plus marquée.

Si j'ai cherché à attirer l'attention du lecteur sur ces quelques considérations, c'est pour le mettre en garde contre la tendance qu'il pourrait avoir, en certaines circonstances, à vouloir trop profiter d'un cheval soumis, ayant appris vite par conséquent, pour lui faire produire à profusion des mouvements de haute école par trop répétés.

Ainsi, par exemple, on ne devra pas abuser, même si le cheval l'exécutait avec docilité, du changement de pied ou du passage effectué sur une longue distance. Mieux vaudra, pendant quelque temps, ne demander que quelques-uns de ces mouvements, au lieu de les exiger en grand nombre. C'est déjà une grande satisfaction que d'obtenir bien et vite. Il faut savoir s'en contenter, en songeant que l'intégrité du mécanisme articulaire ne saurait être conservée, si la somme d'énergie dépensée quotidiennement était exagérée.

Travail d'extérieur.

Après tous les renseignements que j'ai déjà donnés sur le travail du cheval au manège, je ne pourrais que me répéter si je voulais entrer dans les détails au sujet des exercices à faire à l'extérieur.

Un animal bien assoupli sera toujours plus agréable, plus facile à utiliser, même en terrain varié, qu'un sujet n'ayant subi qu'un dressage sur la ligne droite. Le premier, agile et musclé, habitué à être attentif, se soumettra aux exigences du travail à l'extérieur (obéissance, initiative et adresse en même temps). Le second, non manégé d'avance, aura une tendance à utiliser l'initiative qui lui sera demandée pour lutter contre son cavalier.

Mes chevaux m'ont toujours donné satisfaction tant au manège qu'à l'extérieur. Je n'ai jamais eu l'intention d'ailleurs, en les préparant, de faire d'une façon exclusive des animaux de haute école. Les airs que comporte celle-ci me servent simplement à avoir mes montures plus franches, plus souples, plus obéissantes, plus agréables au service de la selle.

J'ai donné, dans le début de ce travail, la manière de dresser les chevaux par la haute école et le galop, en un nombre restreint de séances; je dois ajouter qu'il n'est pas indispensable de chercher à obtenir tous les airs dont j'ai parlé, avant de commencer le travail du cheval à l'extérieur. Si j'ai groupé les leçons concernant le manège, c'est pour la facilité de l'étude que j'ai entreprise, comme pour mieux permettre au lecteur de se rendre compte des effets qu'il peut obtenir chez les chevaux. La nécessité de donner les leçons les unes à la suite des autres ne se fait nullement sentir. Souvent même il convient de laisser reposer les animaux, que le travail de manège finit parfois par fatiguer, en raison des contractions qu'il exige et de l'attention qu'il tient en éveil.

Pour bénéficier des journées où le manège n'est pas exigé (toujours après une soumission obtenue la veille), si le temps le permet, on promènera donc les chevaux sur les routes et en terrain varié.

De la sorte, et sans perdre de temps, il est permis de mettre les animaux en bonne condition sur le travail d'extérieur, pendant que leur dressage au manège suit son cours.

Généralement, les sujets rendus confiants par quelques séances d'assouplissement ne font ensuite aucune difficulté pendant le travail au dehors. La chose est toute naturelle, puisqu'on accorde une sorte de repos aux animaux par l'exercice libre sur la ligne droite.

Pour avoir d'emblée le maximum de satisfaction à l'extérieur, il est nécessaire que le cavalier ait insisté tout particulièrement au manège sur les mouvements à l'appuyer, pendant les premiers jours du dressage du cheval. Il importe par-dessus tout de pouvoir se servir de la rêne qui produit la torsion de l'encolure, si, pour une raison quelconque, l'animal venait à accuser la peur. On trouvera plus loin, dans un chapitre spécial, ce qui a trait à la tenue du cheval peureux. Je me bornerai à dire simplement ici que, dans la conduite d'un cheval qui fait ses débuts à l'extérieur, le cavalier devra se montrer très méfiant. Il serait nuisible de donner à un animal l'occasion de pouvoir profiter d'une inattention de son conducteur, si, venant à être saisi par un objet inconnu de lui, il essayait de se dérober.

Un cheval énergique, sur l'œil, sera donc toujours surveillé. Malgré toute la liberté de rênes qu'on pourra lui accorder, il devra être encadré s'il venait à hésiter ou pointait ses oreilles en avant comme pour mieux fixer. On croisera même les mains sur l'encolure pour accentuer le contact des rênes sur le balancier. De la sorte, à la moindre tentative du cheval pour changer de direction, on sera prêt, soit pour soutenir l'encolure, soit pour dévier sur cette dernière la tête en torsion, dans le but de piqueter une épaule au sol.

Si l'on y réfléchit bien, il suffit d'avoir les rênes au contact, pour qu'un essai d'écart à droite immobilise l'épaule gauche comme dans le montoir. En effet, les mains du cavalier pendant le mouvement sont restées légèrement à gauche, régies par la force d'inertie qui les a empêchées de se porter aussi vite à droite que la brusquerie de l'écart l'aurait voulu.

C'est dans le but de rendre plus importante l'action que l'on cherche à obtenir, que je recommande, pour un sujet qui est flottant pendant sa marche, de passer les mains l'une au-dessus de l'autre.

Je conseillerai en outre de ralentir un cheval qui se montrerait hésitant, plutôt que de l'obliger à passer à une allure vive à côté de l'objet qui l'impressionne. Il faut savoir comprendre qu'un cheval, au début surtout, manque d'assurance par ignorance. Il convient donc que le cavalier sache mettre à profit son habileté, pour la faire servir à sa monture. Quand il apercevra de loin une chose anormale sur une route ou une piste, soit : un bloc de pierre, du papier, des taches sur le sol, une voiture, etc., qui peut occasionner la peur, il se mettra en garde et préparera son cheval. L'habitude, ensuite, finira par donner à l'animal la confiance nécessaire; si on lui a évité d'être saisi, il écoutera volontiers son conducteur plutôt que de s'engager en défense.

En résumé, la préoccupation d'une personne montant un cheval pour la première fois à l'extérieur sera surtout : de montrer à l'animal qu'il n'a rien à craindre en compagnie de son cavalier. Il ne faudra pas par conséquent oublier de parler à la monture, ni négliger de la caresser au besoin, au lieu de se risquer, par des mouvements brusques, à la rendre irritable.

Je fais allusion à ce sujet aux manœuvres malhabiles de certains cavaliers, qui n'hésitent pas à châtier un cheval aussitôt après qu'il a marqué la peur. Cette façon de procéder est, en tous points, contraire à un bon dressage à l'extérieur. Elle aboutit inévitablement à l'affolement des animaux, qui finissent par s'engager énergiquement pour partir en avant ou sur un côté, fuyant de la sorte, en plus de l'objet qui a attiré leur attention, la punition de leur conducteur. Le caractère du cheval battu ne peut pas s'amender. Au contraire, il arrive souvent que l'animal, ne se rendant pas suffisamment compte des objets qu'il croise à toute allure et poussé par la crainte d'être battu, aggrave peu à peu sa défense à un point tel que, par la suite, la correction du défaut est très difficile ou même impossible...

Le travail d'extérieur exige aussi une certaine ha bitude pour être exécuté avec adresse. On ne saurait donc demander des parcours trop mouvementés à des chevaux qui débutent. Cela n'empêche pas le sujet qui a été manégé habilement de montrer une souplesse et une agilité très marquées. Seuls, les accidents de terrain lui sont inconnus. Pour le familiariser avec eux, il faudra simplement que son attention soit tenue en éveil pendant quelques séances. Pour cela, aussitôt mis en position d'obéissance et ne s'affolant plus à la vue d'objets divers, le cheval sera dirigé dans des terrains vagues ou non cultivés, et là on le fera marcher dans des directions quelconques, sans toutefois lui infliger des difficultés trop marquées dans le parcours qu'il devra effectuer.

Autant que possible, c'est au pas d'abord que l'animal sera exercé, ensuite au trot ralenti. Aux deux allures, le cavalier aura le soin de tenir les rênes un peu longues, à peu près comme dans la tenue au repos. Le cheval prendra donc, dès le début, l'habitude de regarder son terrain, puisque n'étant pas conduit il sera mis dans l'obligation de régler lui-même la cadence de l'allure. Suivant les défectuosités du trajet, on verra l'animal ralentir ou presser le mouvement. Cette sorte d'abandon dans la conduite du sujet à l'extérieur n'exclut pas la surveillance. Le cavalier se tiendra toujours prêt à reprendre le cheval qui chercherait à ne pas s'engager en avant; il devra lui parler de temps à autre, comme aussi il n'oubliera pas de le caresser lorsqu'il aura passé avec souplesse un point assez difficile.

Je l'ai déjà dit, il faut surtout savoir choisir son parcours pour que les irrégularités de la piste ne demandent pas au début trop d'effort et d'adresse. C'est progressivement que le cheval doit être dressé.

En marchant à peu près libre, l'animal prend souvent l'habitude de se hâter après avoir produit un effort anormal. Il doit être calmé autant que possible et remis à petite allure, surtout dans les commencements.

Tous les accidents de terrain seront de préférence attaqués perpendiculairement. On fera donc marcher sur la ligne droite dans les montées et les descentes. Celles-ci seront exécutées avec beaucoup de lenteur si elles présentent une grande inclinaison; celles-là pourront se commander avec plus d'énergie pour que l'effort soit conforme au travail à produire.

Lorsque, pendant plusieurs jours, le cheval aura

fait de l'extérieur à l'allure du pas et du trot et qu'il travaillera avec assez de calme, il pourra être entrepris au galop en quelques points du terrain varié. Il convient toujours que certaines difficultés soient franchies à petite allure ou à une allure moyenne. Si le sujet en dressage a déjà commencé les obstacles, on profitera du galop à l'extérieur pour le perfectionner au saut.

On comprendra aisément que le travail du cheval en dehors du manège ne puisse comporter des règles aussi nombreuses que celui à lui faire effectuer en souplesse et que j'ai décrites au début de ce traité. Les mouvements au dehors se font en ligne droite; ils exigent surtout de l'adresse, que l'habitude donne peu à peu à l'animal, et réclament de la part du cavalier de l'assiette et de la souplesse.

Je terminerai donc cet exposé, qui résume les précautions qu'il est sage de prendre, plutôt que les indications précises qu'il serait impossible de donner, en conseillant aux cavaliers de se montrer à la fois patients, énergiques et prudents pendant le travail à l'extérieur. En usant de patience, ils ne hâteront pas outre mesure la mise en condition des montures et sauront excuser chez elles des défaillances, souvent dues, soit à un manque d'habitude, soit à une surprise. Par l'énergie, ils lutteront contre les incertitudes dans la marche et contre l'inertie du cheval, pour faire produire à celui-ci des efforts importants lorsque les circonstances l'exigeront. Par prudence enfin, les cavaliers devront maintenir le calme chez les sujets, évitant ainsi des à-coups préjudiciables, pouvant engendrer la rétivité des animaux ou nuire à la bonne conservation de leurs rayons locomoteurs.

Travail sur les obstacles.

Le dressage du cheval au saut est presque toujours chose assez simple, puisque, dans la majorité des cas, il ne s'agit que de mettre les animaux en franchise sur les obstacles que l'on rencontre communément pendant le travail à l'extérieur. Au contraire, lorsque la préparation des sujets vise leur spécialisation sur les obstacles, il faut soumettre les animaux à une gymnastique sévère et suivie. Cette dernière préparation se fait suivant un mode de travail qui est, si j'ose m'exprimer ainsi, comme l'opposé de l'assouplissement obtenu pendant les séances de manège. Cela se conçoit, car des sauts répétés exigent des contractions musculaires et des détentes violentes, comme ils demandent aussi un entraînement de l'appareil respiratoire, pour pouvoir être produits avec énergie. Le travail de manège veut plus de souplesse, plus d'adresse, plus de soumission, plus d'attention, et, pour être bien exécuté, ne nécessite pas une puissance respiratoire très développée.

Je ne chercherai pas, dans ce traité, à donner les détails d'un entraînement concernant la préparation des chevaux aux courses d'obstacles ou aux épreuves de concours hippiques. D'ailleurs, la mise en condition des chevaux faisant exclusivement du saut n'est qu'une répétition méthodique et presque journalière des exercices que le premier dressage sur les obstacles comporte. Le travail régulier faisant naître l'énergie de la contraction et l'habitude de sauter, je me bornerai à énumérer quelques principes du dres sage du cheval au saut.

Il existe plusieurs façons de mettre les chevaux sur les obstacles. Certains préconisent l'emploi du travail à la longe, d'autres recommandent de mettre un mors de filet aux animaux. Comme je l'expliquais dans les premières leçons (page 46), je suis partisan de placer toujours mes animaux dans les conditions de la pratique. Aussi, puisque la bride complète doit être imposée aux chevaux de selle, c'est avec elle que je débute pour mettre mes chevaux aux obstacles. Quant au travail à la longe, je ne l'utilise qu'un peu plus tard, pour muscler peu à peu la croupe de l'animal. Dans le cas seulement où je veux augmenter rapidement la hauteur des sauts à effectuer, l'emploi du caveçon peut avoir lieu assez tôt.

Quand mes chevaux ont fait un certain nombre de séances de galop, qu'ils marchent cette allure avec aisance, je commence le saut d'obstacle. Les premiers jours j'opère dans le manège, en faisant placer la barre, tout d'abord à terre, une de ses extrémités près du mur. Le cheval est commandé au pas, puis au trot, tantôt à main droite, tantôt à main gauche. Généralement, le sujet ne fait aucune difficulté, car l'effort qu'on exige de lui est presque nul. Il se contente simplement de marquer un certain arrêt avant de passer l'obstacle. Le cheval doit être caressé à chacune des fois qu'il se montrera soumis. Après la barre également, en desserrant les doigts, je fais produire une descente de main au sujet. Si c'est nécessaire, mais les premières fois seulement, l'abandon des rênes a lieu au moment où l'animal cherche à plonger de la tête pour regarder l'obstacle. Le plus sage est de commander le saut, dès les débuts, en tenant très libres les rênes du mors et en n'exerçant de pression sur la bouche que par les rênes de filet. En procédant comme je l'indique, on peut, dès le premier jour, en allant progressivement, arriver à faire placer la barre à une hauteur de 30 ou 40 centimètres.

Au fur et à mesure que la distance de l'obstacle au sol augmente, il est recommandé d'allonger un peu le trot. D'ailleurs cette allure est abandonnée dès que l'on sent le cheval passer avec confiance. A ce moment, on met l'animal à un galop assez ralenti.

Comme le sujet en dressage ne sait pas trop calculer ses foulées pour arriver vers l'obstacle, il sera nécessaire parfois que le cavalier prenne la sage précaution de le prévenir de la voix par un *hop*, au moment où il doit sauter. Cette façon de procéder ne sera d'ailleurs que transitoire.

Les jours suivants, à la fin des reprises de manège, on procède de la même manière. On fait passer la barre au cheval en allant progressivement du pas au galop. On évite ainsi de l'affoler, comme on se met en garde contre des bonds désordonnés, inutiles, alors que l'obstacle a très peu de hauteur. Le dressage se poursuit ainsi, jusqu'au jour où l'on sent que l'animal franchit sans trop d'appréhension.

A partir de ce moment, j'utilise le travail à la longe tous les deux ou trois jours, pendant une quinzaine de minutes à chaque fois. Non monté, le cheval est plus libre d'exécuter des bonds en hauteur et les articulations de ses membres souffrent moins, car la masse à transporter diminue du poids du cavalier. Généralement le sujet, qui a pris l'habitude de passer l'obstacle en portant son cavalier, se montre très obéissant dans le travail à la longe. Il acquiert peu à peu par l'exercice libre l'adresse qui lui est nécessaire pour se grouper en temps voulu, avant de s'enlever pour passer la barre. Progressivement ses foulées sont mieux calculées, ce qui fait que son hésitation à sauter disparaît.

Le travail doit être progressif; aussi, quand à chaque reprise on a la sensation que l'animal commence à être essoufflé ou que son énergie au saut diminue, il convient de cesser de faire hausser l'obstacle.

Quand le cheval, mis à la longe, a exécuté un saut au lieu de continuer à le galoper en cercle, le mieux est de l'arrêter pour le caresser. S'il avait marqué trop d'hésitation, ou si le saut qu'il a produit était par trop incorrect, on ne devrait pas hésiter à le lui faire répéter avant de l'arrêter. L'animal entrepris ainsi comprend vite ce qu'on exige de lui. C'est au début qu'il sied de faire le caractère du cheval, d'autant plus qu'il est toujours préjudiciable d'avoir à lutter plus tard contre une rétivité.

Je me suis bien trouvé, et cela a l'avantage sérieux

de tenir l'attention du conducteur en éveil, de commander à la voix le saut du cheval, même lorsque celui-ci est mis à la longe. On se rend compte du moment où l'animal peut franchir, et, par un appel de voix, on l'invite à bondir. On peut en employant ce procédé arriver à lancer, même de très loin, un cheval sur l'obstacle; avantage manifeste qui permet de faire produire aux animaux des sauts longs et non des sauts sur place. Ces derniers, chacun le sait, sont ennuyeux pour le cavalier et surtout pour les montures, qui reçoivent des chocs sur leurs membres, au niveau des articulations principales.

Le travail à la longe, après quelques séances, devra alterner avec l'exercice du saut, l'animal étant monté. Les mêmes précautions indiquées au début seront prises pendant un certain temps, pour confirmer le sujet dans le travail.

L'utilisation de la barre, ainsi que je l'ai dit, doit avoir lieu près du mur du manège. De la sorte, le cavalier n'aura à se préoccuper que d'une rêne à la fois, pour maintenir sa monture sur l'obstacle. On fera toujours sauter le cheval tantôt à une main, tantôt à l'autre, pour mieux le rendre adroit et obéissant.

Après chaque saut on évitera de l'affoler et on se mettra en garde afin qu'il ne cherche pas à gagner à la main. Pour cela, dès que l'allongement des rênes a été produit dans la descente qui marque la troisième phase du saut, on les reprendra rapidement puis on arrêtera l'animal le plus tôt possible, pour le caresser aussitôt. Rien n'est plus désagréable que d'avoir des chevaux partant à toute allure après avoir passé un obstacle. Peu à peu, le cavalier ayant opéré en suivant les conseils dont il a été parlé, se rendra compte que son cheval prend un certain point d'appui sur les rênes pour s'engager sur l'obstacle. Il devra en profiter pour conduire sa monture sur les rênes de mors et sur celles de filet réunies, à condition toutefois de ne jamais oublier le desserrer des doigts quand l'allongement du balancier exigera les rênes plus longues.

Au fur et à mesure que l'animal devient adroit, il n'y a aucun inconvénient à lui faire franchir la barre à une certaine hauteur, soit $1^{m},10$ environ et même plus, si l'on s'adresse à un animal puissant. On devra même arriver à ces hauteurs le plus vite possible, car j'estime qu'elles sont normales pour un cheval de selle ordinaire bien conformé.

Quand après un certain nombre de reprises on sentira que l'animal comprend bien le saut, qu'il l'exécute en allongeant bien son balancier, on devra profiter du dressage acquis par le sujet pour le travailler à l'extérieur. On trouvera toujours une piste où l'exercice du saut pourra être commandé. On fera donc franchir des fossés, des murs, des haies, etc..., de largeur ou de hauteur moyennes. L'animal ne fait aucune difficulté s'il a pris l'habitude au manège d'obéir, et si avant de le faire sauter on lui permet, la première fois au moins, de se rendre compte de l'obstacle à franchir. Pour cela, on conduit l'animal au pas vers le fossé, le mur ou la haie et on l'arrête en le caressant. On retourne ensuite, pour repartir à une certaine distance, pour donner l'élan nécessaire au bond à exécuter.

En n'abusant pas trop du travail, en donnant au contraire le goût du saut au cheval, on arrivera vite à avoir une monture qui ne fera aucune difficulté sur les obstacles courants de l'extérieur.

Il reste entendu que la hauteur des obstacles doit toujours être légèrement en dessous de celle qui représente le maximum que peut sauter le sujet. Il faut donc savoir agir avec sagesse, surtout à l'extérieur, où les obstacles sont fixes. Le cheval, en effet, ayant conscience de la puissance de ses moyens, préfère refuser de franchir que de s'exposer à butter ou à des à-coups pendant le saut. La gymnastique sera donc progressive, si l'on veut aller vite et sans courir les risques de rendre rétif le sauteur en dressage.

Pendant que le travail du saut est demandé au cheval, il ne faut pas oublier de lui faire répéter au manège les mouvements d'assouplissement qu'il connaît déjà. Ainsi le cavalier reprend de l'ascendant sur le caractère de l'animal, que l'exercice du saut peut quelquefois rendre plus impressionnable. La mise à la longe sur l'obstacle, de temps en temps, viendra aussi confirmer le dressage entrepris, en favorisant l'effort libre et en augmentant sans fatigue exagérée la densité des muscles du saut.

Ce court exposé suffira dans presque toutes les circonstances, pour permettre à un cavalier de mettre un cheval en franchise sur les obstacles. On trouvera plus loin les moyens à opposer aux chevaux qui rétivent ou qui sautent mal. Je ne m'étendrai donc pas davantage sur un dressage qui, une fois esquissé, demande surtout de la patience de la part du cavalier, comme du temps aussi pour être perfectionné au point voulu. Je laisse donc à l'initiative de chacun la conduite à tenir vis-à-vis du cheval que l'on veut amener à sauter avec sûreté et élégance. D'ailleurs, l'utilisation ultérieure du cheval peut faire varier le travail à lui imposer après le dressage au saut.

TROISIÈME PARTIE

DRESSAGE DES CHEVAUX DIFFICILES ET DÉLICATS

Il existe un certain nombre de chevaux pour lesquels le dressage doit être entrepris suivant des données spéciales. Les diverses manœuvres que l'on doit utiliser contre eux visent surtout la première mise en confiance de l'animal envers le cavalier, puisqu'il s'agit d'obtenir d'abord l'accord des tempéraments, avant que ne soit commencée la progression normale qui a fait l'objet de la deuxième partie.

Ce sont les sujets désignés communément sous le nom de chevaux délicats, difficiles, rétifs, méchants... qui exigent au début du dressage une façon de monter et une conduite un peu particulières. Il y a aussi ceux qui, malgré leur caractère doux, ont été montés par des cavaliers inexpérimentés, et qui, mal commandés ou mal repris par instants, ont acquis un caractère vicieux, par l'habitude qu'ils ont de se braquer, aussitôt qu'ils sentent la moindre hésitation dans les commandements.

Ainsi présenté, le nombre de chevaux délicats ou difficiles peut paraître assez important. En effet, on ne saurait croire combien se rencontrent fréquemment les sujets qui, par naturel ou après un mauvais dressage, cherchent à lutter contre leurs cavaliers. Il y a aussi un lot d'animaux qui ne donnent pas au travail leurs justes moyens, parce que les personnes qui les montent ne prennent pas la précaution de se mettre en garde contre leur force d'inertie.

L'étude de la mise au point des chevaux délicats serait inévitablement trop longue, si, entrant dans tous les détails, je cherchais à analyser chaque défense en particulier, surtout à envisager les variations de chacune d'elles.

Je me bornerai à énumérer les divers défauts, en expliquant surtout la façon de les combattre, mais sans m'occuper des particularités nombreuses qu'ils peuvent présenter. C'est ainsi qu'une défense peut être le résultat, ou d'un défaut de domestication, par conséquent être toute naturelle, comme elle peut avoir été engendrée par une mauvaise habitude acquise. Je ne différencierai pas les deux cas dans toutes les circonstances, me réservant seulement d'insister sur les origines des défenses, lorsque la manière de les corriger devra subir des modifications.

I

CHEVAUX DIFFICILES A APPROCHER

1° Chevaux difficiles à brider.

Aujourd'hui, les chevaux se défendant au moment où on les approche sont relativement rares, puisque la domestication a fait disparaître, chez la majorité des sujets, la crainte que tout animal sauvage manifeste à la vue d'une personne. Il reste toutefois un certain nombre de chevaux impressionnables, qui ont été brusqués, rudoyés, violentés au début, ou pendant leur dressage, dont l'abord est plus ou moins difficile.

La méthode à employer pour corriger le cheval refusant le brider doit varier dans le détail, en tenant compte de l'origine première qui a produit le défaut, ou du fait que l'animal cherche ou non à attaquer la personne qui l'approche.

Je recommanderai toujours de procéder avec douceur au début. On pourra de la sorte s'apercevoir que certains sujets se montrent arrogants, ou attaquent violemment, poussés seulement par une crainte exagérée d'être battus. En conseillant d'agir avec beaucoup de calme, je n'ai nullement l'intention d'indiquer de procéder avec trop de faiblesse. D'ailleurs, voici la marche à suivre qui donnera les meilleurs résultats :

Il conviendra de faire connaître au cheval d'abord le bridonner, si cette opération est mal acceptée par lui. On se présente à l'animal, à l'écurie, en s'approchant de son épaule gauche et en tenant la bride de la main gauche. La cravache est placée sous le bras gauche, de manière à libérer la main droite, qui pourra se lever au niveau de l'épaule du sujet pour caresser cette région. Quelques flatteries, accompagnées d'un parler très doux, ont vite fait de prouver à l'animal qu'il n'a aucun intérêt à fuir, puisqu'il n'est pas battu.

Il peut arriver que l'on ait affaire à un cheval reculant brusquement et *tirant au renard*. Dans ce cas, le mieux est de prendre précipitamment la cravache de la main droite et d'en porter un léger coup sur les côtes, en prononçant presque aussitôt un appel de voix ferme. On cherche ensuite à caresser l'épaule gauche du cheval. Une ou deux réprimandes, dirigées ainsi que je viens de l'expliquer, ont souvent raison de l'attitude affolée de l'animal et surtout de son inattention.

On transporte alors la main gauche, qui tient la bride, en avant de l'épaule gauche du cheval, pendant que la main droite continue les caresses et que le cavalier parle à sa monture sur un ton peu élevé et calme. Progressivement ainsi, on arrive à présenter la bride en avant de la tête du sujet, puis vers le front, assez haut par conséquent pour que la main droite, caressant l'encolure et remontant peu à peu, vienne prendre le dessus de tête du harnais. A ce moment, la main gauche, remplaçant la droite pour les caresses, se promène légèrement sur le chanfrein et vers le bout du nez, faisant connaître au cheval que l'on désire qu'il prenne sans appréhension le mors dans la bouche.

Il arrive souvent qu'au cours de l'opération le cheval accuse brusquement la peur, en fuyant à bout de longe ou en arrière. Soit par la voix, soit à l'aide de la cravache, on doit rappeler au sujet sa soumission, en ayant toujours soin de marquer instantanément la fin de la réprimande, en parlant sur un ton sec, puis très doux. Dans tous les cas, il faut savoir attirer l'attention de l'animal en le regardant fixement dans les yeux.

Pour un cheval très délicat à brider, je recommanderai de se servir au début d'un bridon ordinaire plus facile à remuer qu'une bride; de se contenter aussi, pendant les premières séances, de conduire simplement le sujet à l'abreuvoir après le bridonner. Cette opération, non suivie de travail, sera mieux acceptée par la suite, puisque la récompense aura accompagné immédiatement la soumission. Une séance ou deux pourront avoir ainsi raison du défaut.

Certains chevaux hésitent au brider parce qu'ils ont été meurtris par le mors. Cette catégorie de chevaux peut travailler après le bridonner, mais il faut surtout leur enseigner à prendre le mors à la fin de chaque reprise de travail. Pour cela, on enlève la bride avec précaution à l'arrivée à l'écurie, sans lâcher la tête de l'animal. Le poignet droit du cavalier doit donc se placer sur la nuque du cheval, pour maintenir la bride par en haut. On replacera le harnachement de conduite plusieurs fois de suite après l'avoir ôté, avant de laisser libre le sujet. Après obéissance de la part de celui-ci, on pourra le récompenser en lui accordant une poignée de grains, que le cavalier lui-même ira chercher aussitôt.

Pour le cheval qui se défend par trop, qui cherche à mordre et à frapper du devant, il convient de l'attacher d'une certaine façon, jusqu'au jour où son attitude est plus calme. A l'écurie, cet animal portera un licol et non un collier. Il sera attaché à la mangeoire par le système de deux longes fixées à des anneaux très éloignés l'un de l'autre.

Pour aborder un cheval méchant, on commencera par raccourcir la longe de droite, en passant par la stalle du cheval voisin. On pourra ainsi sans danger se présenter à sa gauche. S'il était nécessaire, la longe de ce dernier côté sera elle-même raccourcie. De la sorte, la tête de l'animal étant à peu près immobilisée, les coups de dents, les atteintes par les membres antérieurs sont évités au cavalier. La défense principale qui reste au cheval dans ce cas est le tirer au renard; or, comme je l'ai dit plus haut, le ramener en avant vers la mangeoire est facile, si l'on sait utiliser la cravache.

Presque tous les animaux difficiles à brider peuvent être dressés par une des manières que je viens d'esquisser. Il reste encore un groupe spécial, comprenant des sujets très méchants, pour lesquels la douceur presque exclusive serait insuffisante. Je veux parler des chevaux qui ont pris l'habitude d'attaquer, blessant presque à coup sûr leurs conducteurs, de ceux par conséquent dont les menaces, vu les circonstances qui les ont accompagnées, n'ont jamais été réprimandées à temps. Pour ceux-là, il convient d'employer des moyens énergiques, combinés avec le châtiment. Dans aucun cas, le cavalier ne doit se mettre au début dans l'impossibilité de pouvoir frapper à temps un animal brutal.

Un bon moyen consiste à s'approcher d'un cheval à caractère réellement mauvais avec un bâton solide tenu à la main. On peut ainsi répondre à la première attaque de l'animal, soit qu'elle vienne de la mâchoire ou des membres antérieurs, par un fort coup de bâton. Celui-ci, porté sur le bas du chanfrein, est suivi instantanément d'un deuxième, frappé sur les reins, sur les côtes, ou même mieux, si on le peut, vers le bas de la cuisse, au-dessus des jarrets. Le cheval est ainsi immédiatement encadré en avant et en arrière. Au même instant, un hô... là... est prononcé à haute voix, et le cavalier fixe le cheval dans les yeux. Le châtiment doit reprendre de la même façon à chaque nouvelle défense du sujet. Celui-ci finit bien vite par comprendre qu'il n'est pas frappé lorsqu'il n'attaque pas, qu'au contraire une punition sévère lui est infligée, lorsque, sans raison, il cherche à se débarrasser de la personne qui l'approche.

La formule que j'indique doit être strictement appliquée. Elle peut paraître un peu brutale, mais utilisée avec circonspection, elle aboutit à un résultat presque immédiat. J'ai vu, en effet, des chevaux qualifiés très méchants rester calmes après un ou

- **Chevaux difficiles et délicats.**
  - I. Chevaux difficiles à approcher.
    - 1° Chevaux difficiles à brider.
    - 2° Chevaux difficiles à seller.
    - 3° Chevaux difficiles au montoir.
      - 1° Chevaux craintifs, peureux, fuyant le cavalier.
      - 2° — affolés.
      - 3° — impatients.
      - 4° — chatouilleux ou qui cherchent à se coucher.
      - 5° — sensibles.
    - 4° Chevaux méchants.
  - II. Chevaux difficiles une fois montés.
    - 1° Chevaux à reprendre au départ.
      - 1° Chevaux impatients.
      - 2° — froids ou rétifs au départ.
      - 3° — qui reculent.
      - 4° — qui s'acculent, qui s'affaissent du train postérieur.
      - 5° — qui se couchent montés.
      - 6° — qui pointent, qui se cabrent.
      - 7° — qui font le saut de mouton.
      - 8° — qui ruent.
      - 9° — qui cherchent à mordre le cavalier.
      - 10° — qui frappent du derrière.
      - 11° — peureux au départ.
    - 2° Chevaux à reprendre pendant le travail.
      - 1° Chevaux froids ou en arrière de la main.
      - 2° — qui font le saut de mouton.
      - 3° — qui se cabrent.
      - 4° — qui ruent, animaux chatouilleux.
      - 5° — qui s'encapuchonnent.
      - 6° — qui portent au vent.
      - 7° — vifs, sensibles.
      - 8° — accusant la peur, qui font le demi-tour.
      - 9° — barrés d'un côté.
      - 10° — emballeurs.
      - 11° — qui encensent.
      - 12° — qui font des descentes de main.

- **Chevaux difficiles et délicats.**
  - III. Chevaux présentant des allures défectueuses.
    - 1° Chevaux présentant des allures fausses naturelles.
      - 1° Traquenard, aubin, saut-de-pie.
      - 2° Amble.
      - 3° Galop désuni.
      - 4° Butter.
      - 5° Allures coupées ou incorrectes.
    - 2° Chevaux présentant des allures fausses acquises.
      - (Allures fausses naturelles peuvent être acquises.)
      - 1° allures ascendantes au pas ou trottiner.
      - 2° — — au trot.
      - 3° — — au galop.
  - IV. Chevaux à reprendre sur les obstacles.
    - 1° Chevaux qui sautent mal.
      - 1° Chevaux qui partent trop vite sur l'obstacle.
      - 2° — qui raisonnent mal l'obstacle à franchir.
      - 3° — qui s'affolent après l'obstacle.
    - 2° Chevaux qui se défendent à la vue d'un obstacle.
    - 3° Chevaux refusant l'obstacle.

deux coups de bâton (ou de badine) portés au moment voulu. Il faut donc savoir faire la part des choses, en considérant qu'il est préférable de frapper peu et violemment, puisque c'est nécessaire, plutôt que de se mettre dans l'obligation d'avoir à porter par la suite des coups répétés, lesquels n'aboutiraient d'ailleurs qu'à un résultat médiocre. Le cavalier qui approche un cheval chez lequel la méchanceté est trop caractérisée se rend compte très vite de l'effet produit.

Quelques variantes pourront être apportées dans le brider du cheval, suivant les circonstances. Toutes sont résumées dans ce qui vient d'être dit, et je ne recommanderai pas d'autres moyens, qui pourraient paraître plus pratiques tout d'abord, mais dont les résultats ne seraient qu'incertains. Par exemple, de mettre un tord-nez au cheval, de faire tenir celui-ci par les oreilles, etc.

Il y a enfin deux précautions à prendre que je signalerai en terminant. Il est indispensable après chaque défense de recommencer toute l'opération du brider et de revenir à la caresse à l'épaule, au lieu de chercher à reprendre au point du mouvement qui a amené la défense. L'animal comprend plus vite que l'on exige de lui la tranquillité, car il saisit d'une façon plus parfaite que la réprimande ne vient qu'après une faute de sa part. Il est nécessaire aussi que ce soit la même personne qui mette chaque fois la bride à un cheval quinteux, au moins jusqu'au moment où l'animal n'accusera plus la peur, ou ne cherchera plus à se défendre ou à attaquer.

2° Chevaux difficiles à seller.

Les chevaux difficiles à seller sont, en général, les mêmes qui, à l'origine, se défendent au brider. La peur exagérée qu'ils manifestent, lorsque le harnachement est levé vers leur dos, les porte à fuir quand cela leur est possible. Quand ils sont contraints, la frayeur qu'ils éprouvent les porte à attaquer. Tel est le cas qui se produit lorsqu'une personne veut maintenir à la tête et par la force un sujet impatient.

Je suis assez partisan de laisser voir au cheval tout le détail du seller, pour pouvoir obtenir plus sûrement un amendement de son caractère. J'élimine donc de prime abord le tord-nez, le lever du pied, l'aide qui maintient le cheval en avant, pour opérer de la manière suivante.

Le cheval est bridé; il est ensuite conduit à l'extérieur, de préférence dans un endroit éloigné de l'écurie, dans une cour ou un enclos par exemple, si l'on n'a pas de manège, de façon à pouvoir disposer d'une certaine place.

Pendant quelques instants, on procède à une opération visant l'immobilisation de l'animal. Il s'agit de piqueter son épaule gauche au sol. J'ai déjà parlé de cette manœuvre, à la première leçon du dressage, au sujet du montoir (voir page 48). Vu son importance, je la rappellerai ici en quelques mots.

Les rênes de la bride peuvent être placées sur l'avant-bras gauche du cavalier, non tendues; celles du mors de filet seront passées sur le bord supérieur de l'encolure. On prend de la main droite la rêne droite du mors de filet, et on abaisse la main vers la gouttière de la jugulaire à gauche, en tirant assez fort sur la rêne. De cette façon, par celle-ci appuyant sur la crinière et glissant sur elle, le bout du nez du cheval peut être porté plus ou moins à droite. Il s'établit ainsi une flexion latérale de la tête, pivotant vers la nuque, ainsi qu'une torsion de l'encolure, qui amènent inévitablement une surcharge bien marquée sur l'épaule gauche. Si l'animal insistait à marquer de l'impatience, il suffira de tirer de plus en plus sur la rêne droite, ce qui augmentera la torsion de l'encolure.

Pour que le résultat recherché soit facilement obtenu, il convient de plaquer fortement la portion de la rêne qui se trouve du côté gauche de l'encolure contre celle-ci. Le cavalier doit donc porter sa main droite en bas, vers le corps du cheval et non en dehors.

Aussitôt que le cheval reste à peu près tranquille dans la position dont il a été parlé, la main gauche viendra remplacer la main droite. Par celle-ci devenue libre, le cavalier pourra caresser aisément son cheval sur l'épaule, vers le garrot, sur le dos, au passage des sangles.

Il est rare que, par le procédé que j'indique, le cheval ne comprenne vite qu'il lui est impossible de bouger. Sa fuite vers la droite est évitée par la torsion de l'encolure, que l'on peut rendre exagérée suivant le cas. Son déplacement vers la gauche n'est pas facile non plus à cause de la surcharge de l'épaule gauche, et parce que la main droite peut intervenir, en frappant sur les côtes, si le cheval s'obstinait à se traverser de la croupe. Il ne reste à l'animal que le reculer, que quelques sujets esquisseront de bien rares fois, car cette défense devient incommode après la surcharge d'un membre antérieur. D'ailleurs, si la marche en arrière s'établissait, le cavalier aura vite fait de rappeler le mouvement en avant, en frappant de sa main droite en arrière des sangles et sur les côtes. Une diminution dans la traction de la rêne droite fait également cesser le reculer lorsque celui-ci se produit.

L'immobilisation du cheval par le procédé ci-dessus est rapidement obtenue. Elle peut avoir lieu sans inconvénients, loin de tout obstacle, mur ou autre, en pleine cour, et elle est réalisable par le cavalier lui-même agissant seul, sans aucun intermédiaire ni aide. Je l'ai trouvée la plus pratique, après en avoir essayé bien d'autres, qui donnent aussi de bons résultats, mais que je considère comme un peu trop compliquées, ou nécessitant un harnachement spécial, tel le caveçon par exemple. Ces méthodes, si on les adopte, présenteront ensuite un inconvénient sérieux. Une nouvelle période de dressage de transition sera nécessaire après que l'immobilisation aura été obtenue par la contrainte, puisque celle-ci ne peut être conseillée ni utilisée, surtout dans la pratique courante. Le système que je préconise aura donc l'avantage, tout en donnant satisfaction et n'exigeant pas d'artifices spéciaux, d'atteindre d'emblée au résultat recherché.

Après s'être rendu compte que le cheval accepte volontiers de rester immobile, lorsque fixé par la rêne de droite il est caressé vers le garrot, les côtes, le passage des sangles, le ventre, le cavalier devra préparer les mêmes régions aux attouchements du harnais. Pour cela, de sa main il tapotera les parties du corps de l'animal qui jusqu'ici n'ont été que caressées. Il pourra aussi passer la cravache sur les mêmes régions. Le cheval accepte volontiers d'ailleurs la main frappant à plat et assez fort sur le dos, les côtes, etc. Progressivement, le cavalier habituera l'animal à recevoir la selle sur son dos. Je dis progressivement, car il faut éviter toute brusquerie, qui détruirait en un instant les effets déjà obtenus et retarderait le dressage.

Le mieux est de commencer par placer un surfaix sur le dos du cheval. L'opération est très facile; le cavalier, en se penchant, peut, avec sa main droite laissée libre, prendre l'extrémité du surfaix, sans déranger en rien la position du cheval. Celui-ci, en effet, reste toujours tenu par la rêne droite du mors de filet, qu'il est possible d'ailleurs de saisir très bas, pour faciliter le sangler.

Le surfaix, une fois accepté, sera enlevé et remplacé par une couverture pliée en quatre et reliée au corps du cheval par un surfaix. La selle sera elle-même placée sur le dos de l'animal, après un essai fait avec une couverture. Lorsqu'il s'agira d'une selle, il est de première importance que les étriers soient relevés au bout des étrivières, contre les faux quartiers, et que la sangle soit placée sur le siège de la selle. On évitera ainsi que par surprise, à un contact brusque d'une de ces parties du harnais, le cheval puisse se croire battu sans raison. La selle une fois mise en place, on laissera retomber la sangle tout doucement vers la droite, comme s'il s'agissait d'un surfaix ordinaire.

Le sangler a lieu ensuite; il doit être fait avec ménagement, c'est-à-dire qu'il n'y a pas lieu de trop corseter le cheval au début. Le serrer a pu être possible avec un surfaix placé sur une couverture et vu l'élasticité de celle-ci; il ne l'est plus avec la selle, car les animaux sont souvent sensibles à la rigidité de l'arçon agissant sur la colonne vertébrale, sur une certaine étendue. On devra donc se contenter seulement de fixer la selle, pour l'empêcher de quitter le dos de l'animal, si celui-ci cherchait à se déplacer.

Il ne faudra pas oublier de parler au cheval pendant toute l'opération du seller, puisque la voix a pour avantage sérieux de fixer l'attention du sujet. Aussi, à toute manifestation d'impatience de l'animal, le cavalier répondra en élevant le ton de sa voix. De temps à autre également, il conviendra de caresser le cheval, à chaque fois que la main droite sera libre.

Lorsque le placer du surfaix, de la couverture ou de la selle sera terminé, on pourra, pendant quelques instants, diminuer la tension de la rêne droite, laissant ainsi l'encolure et la tête du cheval libres de s'allonger. C'est là une récompense qu'il siéra d'accorder quelquefois, quand on constatera la soumission du cheval.

On fera marcher l'animal tenu en main pendant

un certain temps, lorsqu'un harnais aura été fixé sur son dos. Pendant la promenade, le cavalier tenant sa monture assez long parlera à celle-ci et la caressera à l'épaule, en arrière de la selle, vers les côtes et vers le flanc.

J'ai indiqué, au début de ce paragraphe, que les rênes du mors de bride étaient placées sur l'avant-bras gauche du cavalier. Elles peuvent ainsi servir si le cheval venait à se dérober violemment, et que le cavalier soit dans l'obligation de lâcher la rêne droite du mors de filet. L'animal ne prendrait donc pas l'habitude de fuir, ainsi que cela arriverait si une échappée lui était accordée.

L'opération du seller peut avoir lieu plusieurs fois de suite le même jour. La séance peut être plus ou moins longue suivant les sujets.

Il vaudra mieux ne la donner que si l'on dispose à l'avance d'un certain temps.

En résumé, pour la majorité des chevaux, le cavalier devra opérer seul. Exceptionnellement, un aide bien stylé et adroit placera la selle, si la personne qui s'occupe du dressage se trouvait quelque peu embarrassée. Même dans ce dernier cas, la tenue du cheval devra être identique à celle que j'ai indiquée.

3° Chevaux difficiles au montoir.

Les chevaux délicats au montoir doivent être placés dans le groupe des animaux difficiles à approcher. Souvent, en effet, les mêmes individus se défendent à la fois au brider, au seller, au montoir.

D'autres, moins impressionnables, acceptent volontiers le harnachement à l'écurie, mais deviennent insupportables et insoumis au moment où le cavalier se dispose à se mettre en selle. Ces derniers ont été généralement ratés par une brusquerie dans leur premier dressage.

On peut aussi rencontrer des chevaux souffreteux, arthritiques, à reins ou à jarrets sensibles, qui, poussés par la souffrance qu'ils ressentent par le poids du cavalier, ou au démarrage, luttent à l'avance pour échapper à la douleur qu'ils ont déjà éprouvée autrefois.

Il y a donc lieu d'envisager plusieurs variétés parmi les chevaux difficiles au montoir.

§ 1. — CHEVAUX CRAINTIFS, PEUREUX, FUYANT LE CAVALIER.

Les chevaux craintifs, peureux, fuyant le cavalier, doivent être dressés par une sage combinaison de la leçon du montoir (voir première leçon, page 48) et des règles qui viennent d'être données précédemment au sujet des chevaux difficiles à seller (page 161 et suivantes).

On procédera au monter à cheval après le seller fait en dehors de l'écurie. De la sorte, le cavalier bénéficiera de la tranquillité déjà obtenue au moment de la mise en place de la selle. Lorsque le harnachement sera fixé, le cavalier, utilisant les mêmes moyens d'immobilisation de l'épaule gauche, se mettra en demeure de commencer le montoir, comme il a été dit au début de ce travail (voir première leçon, page 47).

§ 2. — CHEVAUX AFFOLÉS.

La catégorie comprenant les animaux affolés au moment où ils vont être montés est relativement peu importante. La majeure partie des chevaux la constituant ont été surpris, meurtris à tort à la bouche, et dans la suite mal repris. En effet, avant de se mettre en selle, certaines personnes font toujours tenir leurs montures par un aide, qui, pendant le montoir, saisit de sa main droite les deux rênes du mors de filet, en dessous du menton de l'animal, et tire ensuite de sa main gauche sur l'étrivière de droite, pour empêcher le tourner de la selle. La manœuvre de l'aide produit souvent des à-coups sur les barres, quand l'étrivière vient à être tendue. Il est difficile à la personne qui tient le cheval de ne pas agir par sa main droite sur les rênes, pendant que son corps se penche vers l'arrière du cheval et en bas.

Certains animaux sont donc hésitants, par la crainte qu'ils ont de ne pouvoir être libres, pour partir en temps voulu. Ils appréhendent aussi la meurtrissure de la langue ou des commissures des lèvres par les branches du mors de filet. Ce genre de chevaux se rencontre surtout parmi les sujets énergiques, nerveux.

Parfois, la difficulté qu'éprouve le cavalier avant de se mettre en selle vient de l'habitude qu'a prise le cheval de tournoyer sur lui-même avec précipitation.

Ce défaut a pu naître d'une cause toute analogue à celle dont je viens de parler : l'aide destiné à faciliter le montoir a heurté la bouche en accrochant sa main droite à la rêne de droite et en tirant dessus.

Il arrive enfin que l'on rencontre des chevaux qui tournent leur avant-main à gauche, leur train postérieur vers la droite, parce que des cavaliers, par mégarde, se sont mis en selle sans ajuster leurs rênes, ou après avoir raccourci outre mesure la rêne du côté montoir.

La mise au point des animaux qui doivent leur défaut d'impatience aux causes que je viens de signaler sera assez facile. Le procédé ordinaire d'immobilisation de l'animal par la rêne droite devra être employé. Le cavalier opérant seul, le cheval restera tranquille, puisqu'il se sentira mieux tenu d'une part, comme aussi moins cramponné; il finira donc par écouter la personne qui lui parle, pour prendre assez vite une attitude calme et soumise.

§ 3. — CHEVAUX IMPATIENTS.

Les chevaux impatients forment encore un groupe dans lequel le nervosisme des individus doit être considéré comme la cause initiale du défaut, et dont un mauvais dressage a été la cause occasionnelle. Ces animaux peuvent sembler difficiles aux cavaliers inexpérimentés, mais il est assez simple, quoique un peu long, de les corriger. Cela se résume à fixer l'animal sur la rêne droite, à condition toutefois que la main opérant la fixité de la tête agisse légèrement, pendant que l'on caresse le cheval, qu'on lui parle avec douceur, pour lui faire comprendre qu'il ne court aucun danger d'être battu.

Il importe aussi que le cavalier accuse bien qu'il ne cède jamais à un mouvement d'impatience. Aussi, après une secousse violente de la part de l'animal, on n'accordera jamais un repos; on ne se hâtera pas non plus pour se mettre en selle. Il est de première nécessité que le cavalier soit très méfiant, comme très doux et patient à la fois. Avec des chevaux nerveux, on ne saurait croire, en effet, combien leur docilité est obtenue aisément, si l'on sait accuser par une caresse l'effort qu'ils font sur leur tendance habituelle, pour rester calmes et se soumettre à la volonté de leurs conducteurs.

§ 4. — CHEVAUX CHATOUILLEUX, OU QUI CHERCHENT A SE COUCHER.

Il y a aussi, parmi les animaux difficiles au montoir, ceux que l'on désigne sous le nom vulgaire de « *châtouilleux* ». Leur dressage n'a rien de bien spécial. Il suffit que le cavalier cherche tout simplement à imposer la confiance à ces animaux, en évitant toute brusquerie, toute manœuvre indécise, qui, au lieu de calmer l'énervement des sujets, ne ferait que l'exaspérer. Il convient donc d'éviter les caresses à fleur de peau, tandis que des tapotements avec la main, frappant franchement à plat, ont vite fait de faire cesser l'irritabilité chez un cheval nerveux.

Il ne faudra jamais demander la tranquillité absolue aux chevaux chatouilleux, mais se contenter de les aborder hardiment, réservant seulement les réprimandes pour les cas où ils accuseraient des défenses. Celles-ci seraient combattues par des procédés appropriés à leur nature. Un cheval chatouilleux perd assez vite une grosse part de sa nervosité, lorsqu'il connaît son cavalier, si ce dernier, par habitude, est doux envers lui.

Le cheval qui cherche à *se coucher* sur le cavalier au moment du montoir est une variété du sujet chatouilleux. Je recommanderai pour celui-là de provoquer la torsion de l'encolure par le placer, en l'exagérant même, au moment où le cheval se penche vers la gauche. On doit donc mettre l'animal dans le cas d'imminence de chute, en le punissant par son propre défaut. On peut faire plus encore, si l'on prend une poignée de crins vers le garrot, en tirant vers soi, pour faire perdre l'équilibre au sujet qui se penche. Pour un cheval dont l'irritabilité le porterait à se coucher sur le sol, je conseillerai de ne pas le brutaliser. Dans ce cas, le cavalier devrait se contenter de se jeter immédiatement à la tête de l'animal, pour renverser cette région en arrière, portant ainsi le bout du nez en haut, afin d'empêcher le cheval de se relever. Il maintiendrait l'animal à terre le plus longtemps possible. C'est une méthode bien simple, mais qui m'a donné de très bons résultats. Ainsi, une jument corrigée de la sorte, et qui avait antérieurement l'habitude de rester couchée, même battue, perdit son défaut après avoir été une seule fois contrainte de rester à terre, au moment où elle cherchait à se relever d'elle-même.

Un animal qui se couche ne doit pas être trop serré par la sangle, celle-ci pouvant l'inviter à se laisser choir sur le sol par le point d'appui qu'elle donne.

§ 5. — CHEVAUX SENSIBLES.

Nous avons aussi les chevaux sensibles par la douleur qu'ils éprouvent : dans les reins, les jarrets, les boulets, etc., lorsqu'ils sont montés, ou quand ils se mettent en mouvement.

Ces animaux, on le conçoit, sont assez difficiles à mettre au point. Il est à peu près impossible au cavalier d'empêcher une souffrance due à une diathèse de l'individu. Ce qu'il peut être conseillé, dans ce cas, c'est d'agir avec prudence, de chercher à pallier en partie à la douleur, en évitant au cheval des mouvements brusques. C'est ainsi que l'on pourra faire promener en main, pendant quelques instants avant de le monter, un sujet à articulations manquant de souplesse.

On ne devra jamais sauter sur son dos avec brutalité, mais au contraire il faudra s'enlever sur les étriers avec précaution, pour se poser doucement sur le siège de la selle. Enfin, on évitera de faire marcher l'animal aussitôt après le montoir, on attendra pour cela qu'il ne marque plus d'inflexion dans son rein.

Toutes ces recommandations sont sans doute un

peu fantaisistes, car, n'améliorant en rien l'état maladif du cheval, elles ne peuvent donner de résultat bien marqué et surtout durable. Elles serviront seulement à diminuer en partie les défenses de l'animal. D'ailleurs, si celui-ci est par trop souffreteux, le plus sage conseil qu'il soit possible de donner à son cavalier, c'est d'éviter de s'en servir, puisqu'un cheval faible dans son dessus, à jarrets ou boulets manquant de souplesse, ne peut donner qu'un rendement médiocre au service de la selle.

4° Chevaux méchants.

Le cheval *méchant* n'est aujourd'hui qu'une exception bien rare à trouver; c'est celui qui attaque son conducteur au seller et au montoir.

J'ai déjà expliqué comment on doit aborder les chevaux vindicatifs au moment du brider à l'écurie. Généralement, tout cheval méchant, portant une bride, se sent à l'extérieur suffisamment maintenu pour qu'il n'essaye plus d'attaquer. Quelques rares individus restent encore dominés par une tendance à frapper et à mordre; leur dressage doit être entrepris en usant envers eux de moyens coercitifs. Lutter par l'adresse contre ces animaux serait vouloir faire fausse route; le plus sage est de leur imposer sans retard une intimidation forcée.

Le cheval qui se révolte au seller et au montoir devra être repris de la manière suivante : D'abord, au moment du brider, la personne qui s'occupe du dressage prendra la précaution de mettre à l'animal, pendant qu'il est encore à l'écurie, un caveçon à la tête, placé par-dessus la bride. La longueur de la longe de ce harnachement de contrainte aura l'avantage sérieux de mettre le cavalier à l'abri des atteintes du cheval. Le conducfeur sera armé d'une chambrière, ou même d'une gaule assez longue pour éloigner le cheval de lui lors de certaines attaques.

L'animal sera conduit dans un endroit où l'on disposera d'un certain espace, et où le terrain permettra d'agir librement. Avant que le cheval ne produise aucune défense et sans chercher à l'approcher, il conviendra de lui infliger plusieurs coups de caveçon. Pour cela, on agira fortement, violemment même, en jetant la longe en avant, comme si, de la main qui tient la corde, on lançait une pierre. Les secousses déterminées sur le chanfrein, inattendues, un peu brutales, auront pour avantage de faire redouter instantanément le caveçon au cheval. Celui-ci pourra donc être immédiatement entrepris sur la crainte qu'il ressent, et que l'on a provoquée chez lui au moment où, n'attaquant pas, il était mieux attentif.

Le cavalier, fixant le cheval dans les yeux, commence au même instant à passer la chambrière ou la badine qu'il a en main sur le garrot de l'animal, les reins, etc., pendant que, de sa main gauche, il agite légèrement la longe du caveçon et qu'il parle au cheval sur un ton doux et caressant. L'animal, à chaque mouvement d'impatience ou de violence, doit être instantanément puni par une saccade énergique sur le chanfrein, même par un coup de chambrière frappé à l'arrière si c'était nécessaire, pendant que d'un ton impératif et sec on exige de lui le calme et l'attention.

Après chaque réprimande, le cavalier devra reprendre imperturbablement les attouchements à l'aide de la chambrière. Ce n'est qu'au moment où le cheval, suffisamment intimidé, marquera une certaine docilité, que la main devra remplacer la badine dans les caresses. On pourra, dès lors, aborder l'animal, qui ne se défendra plus, dominé qu'il sera par la crainte du châtiment. Il faudra donc parler, frapper à la fois, puis commander énergiquement au cheval révolté, pour le rendre écouteur et soumis. Autrement dit, c'est par le saisissement en temps voulu qu'un animal brutal doit être dressé.

J'ai pu constater que les chevaux, qualifiés méchants, bénéficient d'une intelligence assez forte, qu'ils se soumettent aussi volontiers à un conducteur énergique et adroit, en leur accordant une confiance réelle et durable. A mon avis, un cheval fortement vindicatif est aussi franc dans ses attaques qu'il l'est ensuite dans sa soumission.

En analysant les quelques données que je viens de décrire, en les adaptant aux circonstances, on pourra se mettre en demeure de dompter un animal méchant, pour le rendre abordable et très vite soumis.

Le caveçon qui aura servi à maîtriser le cheval pourra être enlevé dès que l'on verra que la chose est possible. Le cavalier supprimera la longe seule quand il sentira que l'animal ne cherche plus à attaquer quand on l'approche, ou que l'on reste près de lui. Dès ce moment, le dressage ne comporte aucune modification spéciale à la méthode ordinaire.

II

CHEVAUX DIFFICILES UNE FOIS MONTÉS

Les chevaux difficiles, une fois montés, font preuve d'indocilité au début ou pendant le travail qui leur est demandé. Les défenses qu'ils accusent, leur manque de liant peuvent être attribués : soit à leur caractère, soit à un mauvais dressage, soit encore à des allures spéciales acquises au cours du dressage qu'ils ont déjà subi. Les variétés des défauts à corriger étant nombreuses, pour la simplification de cette étude, je les ai réunis en trois groupes principaux (voir tableau pages 158 et 159). On trouvera donc facilement dans l'un des types constituant les groupes tel ou tel genre de défaut que l'on pourrait rencontrer sur un cheval déterminé, ainsi que le moyen d'y remédier.

1° Chevaux à reprendre au départ.

§ 1er. — CHEVAUX IMPATIENTS.

Cette catégorie comprend les animaux nerveux qui, dès qu'ils sont montés, piétinent sur place, se déplacent violemment d'un côté vers l'autre, sont pressés ou brusques pour se mettre en mouvement.

Généralement, c'est une crainte exagérée qui porte les chevaux à manifester de l'impatience aussitôt que le cavalier s'est mis en selle. La peur qu'ils éprouvent vient quelquefois d'un manque d'habitude de porter, c'est le cas des jeunes chevaux; elle peut avoir été engendrée par les manœuvres malhabiles de personnes inexpérimentées.

En agissant avec beaucoup de prudence, de patience surtout, on peut avoir raison de l'énervement des chevaux au départ. Les sujets manquant de dressage seront rendus dociles en déviant leur attention par des caresses nombreuses et franches; celles-ci les empêcheront d'attacher trop d'importance aux heurts déterminés par les manœuvres du monter à cheval et les contacts du harnachement.

Le saisissement produit par la vue soudaine d'une personne sur leur dos provoque aussi un certain affolement chez les jeunes chevaux. Il convient donc de savoir graduer la leçon du montoir, afin qu'une fois montés les chevaux ne soient pas sous le coup d'une irritabilité, toujours nuisible à un bon départ. On ne se mettra jamais en selle brusquement; même avec un cheval paraissant avoir assez de calme, il sera utile de prendre toutes les précautions que j'ai énumérées à la première leçon. On tirera sur les étrivières, on s'enlèvera à plusieurs reprises sur l'étrier avant de passer la jambe droite au-dessus de la croupe. On restera debout un certain temps sur un étrier, pendant que le cheval tenu par les rênes du filet sera caressé sur la croupe, sur la crinière. Dans la même position, le cavalier pourra aussi, se penchant sur la selle, venir flatter de la main le côté droit de l'animal. Celui-ci sera donc moins surpris lorsque la jambe droite du cavalier viendra ensuite à sa place.

Une fois que l'on aura pris la position à cheval, la main droite saisira immédiatement l'étrivière placée de son côté, de façon à porter l'étrier au pied. On évitera de la sorte, si l'animal venait à partir, d'avoir un cheval affolé par l'étrier le frappant au flanc, ou énervé peu à peu parce que la jambe du cavalier se resserrerait pour rechercher et attraper l'étrier non encore chaussé. Les mouvements d'impatience du cheval pourront donc être diminués.

Aussitôt prêt, le cavalier desserrera les doigts de la main gauche pour laisser le cheval gagner de l'avant. Si le départ est un peu affolé, on caressera le sujet fortement par la main droite, on lui parlera en même temps. Dès qu'on le pourra, on le mettra à l'allure du pas et on libérera sa bouche de l'action des branches du filet, en laissant les rênes assez longues. On s'efforcera aussi, sans opérer une forte traction sur les rênes, mais en les tirant souvent et légèrement pour les relâcher presque instantanément après les avoir tendues, d'arrêter le cheval nerveux et pressé.

La grande préoccupation du cavalier sera donc d'obtenir, le plus tôt possible, des départs libres au pas, les rênes non tenues. Pour certains sujets, la chose ne sera réalisable qu'au bout de plusieurs séances; on obtiendra assez vite satisfaction, si à la fin de chaque reprise on fait répéter aux animaux le départ libre après le montoir.

Les chevaux qui ont été brusqués au départ et qui

sont irritables ou affolés devront être repris par le même système. En aucun cas, je ne conseillerai de se servir d'un aide pour ces animaux. Le cavalier agissant seul se rendra plus tôt maître du défaut qu'il cherche à combattre.

Ainsi qu'on a pu le voir, ma principale recommandation est qu'il ne faut pas agir par contrainte avec des chevaux impatients, mais qu'il faut arriver à leur laisser le plus de liberté possible au montoir et au départ. En essayant d'accorder un certain abandon à une monture nerveuse, on sera convaincu, à bref délai, que c'est le seul procédé qui puisse donner satisfaction. Pendant le travail les chevaux impressionnables au départ devront être souvent arrêtés et caressés.

§ 2. — CHEVAUX FROIDS OU RÉTIFS AU DÉPART.

L'exagération du défaut précédent produit souvent une rétivité marquée chez les animaux à grande excitabilité. L'impatience au départ amène une difficulté plus grande au démarrage, lorsqu'un cavalier s'obstine, par la brutalité ou la contrainte, à vouloir se rendre maître d'un cheval nerveux. Battu sur la tête, trop tenu, ou tenu trop longtemps pour qu'il lui soit possible d'avancer, l'animal énergique finit par reculer ou par marquer un temps d'arrêt, pendant lequel il se défend violemment.

La rétivité peut aussi être observée sur des sujets ayant un tempérament contraire aux précédents; par exemple, ceux qui par nature sont mous, lymphatiques. Il y a encore des sujets à caractère brutal, qui laissent voir une certaine froideur dans l'exécution du départ, ou qui cherchent à se défendre contre le poids du cavalier en se dégageant en arrière.

Pour lutter contre les chevaux rétifs, un certain nombre de moyens sont employés. Il convient de s'adresser au plus simple d'entre eux : le déplacement des épaules. C'est le seul que je recommanderai; on pourra d'ailleurs le modifier légèrement suivant les circonstances.

Déjà au seller, puis lorsqu'on esquissera le montoir, on se rendra compte du caractère du cheval. On prendra toutes les précautions nécessaires pour que la sangle soit bien acceptée par l'animal, en le déplaçant à plusieurs reprises et en le promenant après l'avoir sanglé.

Une fois en selle, le cavalier préviendra bien sa monture en lui parlant sur un ton doux; il la caressera pendant qu'il tiendra ses rênes assez libres, et, par un appel de langue ou un appui de la cravache sur l'épaule droite, il l'engagera à partir. Si le cheval se refusait au mouvement, pour éviter un reculer, on lui parlera sur un ton élevé, mais invitant au calme, afin d'attirer son attention. On tirera ensuite sur une rêne du mors de filet, la gauche par exemple, en plaçant la main assez bas, vers le milieu de l'épaule et en dehors. Un déplacement latéral vers la gauche pourra être obtenu, si l'on commande à la voix au moment précis où la rêne gauche est actionnée. Si l'on obtient une oscillation du train antérieur, même sur un seul pas, on doit caresser l'animal; on pourra recommencer par le même procédé à mobiliser l'épaule gauche. La répétition du mouvement aura généralement l'avantage de faire sentir au cheval qu'il est libre de se déplacer.

Cette petite manœuvre, produite à plusieurs reprises, pourra suffire à certains chevaux. D'autres se refuseront encore à avancer, et ne donneront que leur épaule gauche. Pour ceux-là, on pourra d'abord user de la caresse à l'aide de la cravache passée sur le bord supérieur de l'encolure, qui dans quelques cas, par l'effet d'abaissement du balancier qu'elle détermine, déplace le centre de gravité et engage au mouvement en avant.

Si les précautions prises jusqu'ici ne donnaient pas de résultat, le cavalier, tout en continuant à parler à son cheval, quitterait sa selle et poserait seulement son pied droit à terre. Il pourrait alors faire entendre un appel énergique, et au même moment il pousserait le cheval sur la droite, le forçant à se déplacer. Il se remettrait en selle et redemanderait le départ. S'il y avait encore hésitation, on redescendrait, puis, parlant impérativement au cheval et le prenant à la tête, on le balancerait avec énergie, portant son encolure tantôt à gauche, tantôt à droite, en obligeant l'animal à déplacer à chaque fois ses deux épaules.

Par des appels de langue secs, on exigerait ensuite des départs que le cheval devra produire en avançant instantanément, sous peine d'être puni de la cravache venant frapper en arrière de la selle. On calmera de nouveau l'animal s'il était un peu affolé et sans perdre de temps on se mettra en selle; à la voix et à la cravache, stimulant légèrement, on exigera un départ. Il sera bien rare d'avoir encore des refus après la leçon pied à terre faisant suite au premier montoir. Le cheval deviendra attentif, se laissera commander, si l'on sait agir avec rapidité et énergie à la fois.

§ 3. — CHEVAUX QUI RECULENT.

Les indications que je viens de donner au paragraphe précédent visent surtout le dressage d'animaux simplement froids, ne reculant pas au départ. S'il s'agissait de sujets se déplaçant en arrière, il siérait de modifier légèrement la réprimande à leur imposer.

Dès le premier essai qu'aurait fait le cavalier pour mettre sa monture en mouvement, si celle-ci reculait, il ne faudrait pas insister et l'on mettrait pied à terre. Par les rênes de filet, en fixant le cheval dans les yeux, et en se plaçant devant lui, on devra exiger un reculer produit le plus vite possible en signe de punition. On cravacherait même les membres antérieurs sur les avant-bras pour que le mouvement en arrière se fasse avec plus de rapidité encore.

Lorsqu'on reconnaîtra que le cheval recule avec difficulté, résiste même, on insistera pendant quelques instants, puis on lui demandera de s'engager sur la marche régulière. Je conseillerai, en outre, au cavalier de se porter vers l'épaule du cheval, de faire entendre un commandement à la voix, pendant que d'un coup de cravache appliqué sur les reins il rappellera à l'animal qu'il faut se déplacer en avant. On pourra faire répéter le départ un certain nombre de fois, de façon à ce que le cheval sache qu'après chaque appel de langue, la cravache vient instantanément lui rappeler le départ.

Préparé ainsi, un sujet qui se porte en arrière aura vite compris que sa résistance devient inutile et qu'il est dominé par son conducteur. Son saisissement viendra après que le reculer lui aura été infligé en punition, et que la marche régulière lui aura été imposée malgré lui, presqu'au même moment. On pourra dès lors essayer de se mettre de nouveau en selle.

Commandé à la parole, il n'est pas rare de voir le cheval se porter en avant, poussé par la crainte qu'il ressent; une caresse lui sera dans ce cas immédiatement accordée. Si, par contre, l'animal marquait encore de l'hésitation, on pourrait utiliser la cravache comme dans le pied à terre. Le coup porté en arrière serait en raison inverse de la nervosité du sujet.

Un cheval qui recule se mettra presqu'à coup sûr dans le mouvement progressif, s'il est entrepris comme je viens de le dire. Il ne faut donc pas laisser un intervalle de temps trop long entre le dressage de l'animal tenu en main et le moment où on lui demandera un départ monté.

On a pu voir que je n'ai pas fait mention jusqu'ici de l'action des jambes pour provoquer le départ franc d'un sujet qui recule. J'aime mieux préconiser la cravache, qui est mieux faite pour le châtiment que l'éperon, lequel a pour inconvénient de contracter les animaux. Un cheval piqué a quelquefois peur de se lancer, par crainte de toucher à l'éperon au moment de la mise en marche. D'ailleurs, l'action des jambes est bilatérale et ne peut donner qu'un départ très droit, plus difficile à obtenir qu'un déplacement de côté, toujours produit sans difficulté à l'aide de la cravache. Un cheval non dressé partira toujours mieux de côté s'il craint le poids à porter; celui qui a été manqué au départ se décidera plutôt à obéir, s'il est invité à se déplacer en cercle ou latéralement à l'aide de la cravache. En se servant de celle-ci, qui est plus commode à manier que l'éperon, les jambes du cavalier, inoccupées, pourront mieux servir à assurer l'assiette.

Aussitôt que l'on aura pu obtenir un départ, l'animal sera laissé libre dans sa marche, soit que le démarrage ait eu lieu avec douceur, soit par un à-coup, comme le cas est le plus fréquent. Si l'animal part au trot, dès qu'il sera possible, et seulement quand on sentira que la marche n'est pas trop retenue, on cherchera à le mettre au pas et on l'arrêtera progressivement en le caressant. On essaiera encore un départ à la parole, en s'aidant de la cravache agissant sur l'épaule droite.

La répétition du départ devra être la grande préoccupation du cavalier dressant un cheval rétif. C'est surtout à la voix qu'il devra commander pendant quelque temps. Peu à peu, d'ailleurs, il resserrera légèrement ses jambes vers le corps du cheval. Il les agitera doucement au moment des départs, pour arriver à déplacer l'animal, rien que par une légère secousse imprimée sur le siège de la selle.

Il n'est pas besoin de dire qu'il est de première importance que le sujet qui recule soit commandé au départ par des rênes tenues très légèrement. Si l'on était obligé de ralentir un départ trop rapide, on devrait actionner de préférence la rêne d'un côté et non opérer une traction sur les deux à la fois. Cette façon de faire n'arrêterait pas le mouvement en avant, mais elle le diminuerait simplement s'il avait trop d'intensité.

J'en aurai assez dit sur le dressage au départ du cheval qui recule, en ajoutant qu'il y a lieu de faire répéter le démarrage le plus souvent possible, tant pendant les reprises qu'avant la rentrée de l'animal à l'écurie.

§ 4. — CHEVAUX QUI S'ACCULENT; QUI S'AFFAISSENT DU TRAIN POSTÉRIEUR.

Les animaux qui semblent s'asseoir sous l'influence du poids du cavalier présentent un défaut qui n'est qu'une variété exagérée du reculer, celui-ci s'accusant d'une façon particulière. C'est pour ne pas se mettre dans le mouvement en avant qu'ils s'affaissent du train postérieur. Leur défaut est assez difficile à corriger. On y parviendra en utilisant la méthode que j'ai indiquée au paragraphe précédent.

C'est par le reculer forcé et violent que l'on répondra à chaque défense de l'animal; par un commandement énergique, il faudra se faire craindre de lui; on arrivera ainsi à le maîtriser. Pour le cheval qui s'accule, il ne faut jamais lui opposer une tenue de rênes trop forte, même si au moment des premiers démarrages il se portait en avant par bonds, comme la chose est d'ailleurs possible après un engager exagéré.

La seule préoccupation du cavalier sera donc de faire produire et de laisser s'exécuter le départ. Des répétitions nombreuses du démarrage, au cours des reprises, aideront ensuite à faire disparaître le défaut primitif.

§ 5. — CHEVAUX QUI SE COUCHENT MONTÉS.

Quelques rares animaux poussent l'appréhension qu'ils éprouvent à se mettre en marche jusqu'à se coucher aussitôt que le cavalier s'est mis en selle.

Pour lutter contre cette défense, on habituera d'abord le cheval à la sangle, afin d'éviter que celle-ci ne soit cause du défaut ou n'empêche d'y remédier.

Le sujet qui se couche sera entrepris de deux façons différentes, suivant qu'il reste tranquille ou qu'il se défend, en se roulant ou en se débattant, aussitôt qu'il est en position décubitale.

Si le cheval ne bouge pas une fois couché, je conseillerai au cavalier de se placer de telle sorte qu'il soit prêt à se remettre sur la selle, dès que le cheval tentera de se relever. Ainsi l'animal sera puni, par le fait qu'il sera obligé de reprendre la position debout, en soulevant le poids dont il a voulu se débarrasser. Quand l'expérience peut réussir, elle est très suffisante pour corriger un sujet qui se couche. Malheureusement, elle n'est pas toujours très commode, car pendant la position couchée du cheval, le cavalier peut être gêné par les membres de l'animal, ou encore parce que, surpris, il aura été projeté lui-même sur le sol, forcé dans ce cas d'abandonner le corps de sa monture. Le fait de reprendre un animal qui se couche, par le procédé que j'ai indiqué, n'est donc qu'exceptionnel. Je l'ai mentionné, car il pourra être tenté, puisqu'il m'a déjà rendu service.

Dans le cas où l'animal se défend pendant qu'il est couché, ou lorsque le cavalier a été jeté violemment à terre, il ne saurait être question de chercher à utiliser le moyen que j'ai signalé. Le cavalier se portera au plus vite vers la tête de son cheval, dans le but de l'empêcher de se relever aussitôt. On saisirait donc les rênes d'un côté, pour tordre l'encolure en plaçant le bout du nez de l'animal en haut. Si c'était nécessaire, on prendrait l'oreille, pour qu'il soit permis, en appuyant dessus, d'augmenter la rotation de la tête sur son attache avec l'encolure. A chaque essai que marquera le cheval pour se remettre sur ses jambes, on répondra en portant sa tête en arrière, le nez en haut et en avant. Il suffira, pour ne courir aucun risque, de se placer vers la nuque du cheval, du côté de la crinière, lorsque celui-ci est en position couchée. On pourra même appuyer un genou sur le bord supérieur de l'encolure.

Par la manœuvre que je recommande, une personne un peu adroite peut résister à quelques tentatives que fera le sujet pour se mettre debout. Au début, le cavalier devra toujours user d'adresse au moment où l'animal n'utilise pas encore la force, pour qu'il lui soit possible d'avoir raison du cheval. On luttera donc, autant qu'on le pourra, en empêchant un acte volontaire de l'animal, en le contraignant à rester dans une position qu'il aura choisie lui-même.

Il y a certaines circonstances où l'on devra cravacher le cheval couché. D'une façon générale, il vaudra mieux s'abstenir si l'on n'est pas sûr de soi, surtout si l'on n'a pas la certitude de pouvoir maintenir pendant quelques instants le cheval sur le sol, l'empêchant de se relever pour se dérober aux coups qui lui sont portés.

La réprimande variera donc suivant les défenses. Lorsque, couché, l'animal se débattra pour engager au plus vite ses membres, dans le but de se mettre debout, on se contentera de saisir sa tête pour empêcher le mouvement qu'il esquisse. Si, par contre, le sujet vicieux restait trop longtemps couché et gardait l'immobilité, sans se hâter, on le saisirait adroitement à la tête, pour mieux lutter contre lui; puis on le cravacherait pendant que l'on contrarierait au maximum les efforts qu'il ferait pour se relever. Un aide actionnerait la cravache si l'on était gêné.

La façon que j'indique est assez simple. Elle n'a qu'un inconvénient, c'est qu'elle peut provoquer parfois une détérioration dans le harnachement. J'ai essayé plusieurs procédés, c'est encore le plus pratique. Un cheval est sévèrement puni lorsqu'il est maintenu dans la position décubitale qu'il cherche à quitter. Si donc on disposait de beaucoup de temps, je conseillerai même au cavalier de ne pas chercher à obliger un cheval à se relever à la cravache. Le moyen le plus sûr serait de laisser le sujet libre d'agir à sa guise. On se contenterait de le saisir à la tête, puis on attendrait patiemment le moment où, disposé à se mettre debout, le cheval ferait un effort.

En résumé, il faut laisser libre le sujet de se coucher, l'empêcher au contraire de se relever pour le guérir de se laisser choir sur le sol par rétivité.

§ 6. — CHEVAUX QUI POINTENT, QUI SE CABRENT.

Au moment du démarrage, l'appréhension à se mettre en mouvement qu'éprouvent certains animaux se traduit par le pointer ou le cabrer. Cette défense n'est autre qu'un reculer d'abord, suivi d'un mouvement en hauteur de l'avant-main, alors qu'aucune propulsion par le train postérieur n'a été produite. C'est à cause de l'engager en arrière du cheval que j'ai placé le défaut du pointer après le reculer.

Pour porter remède au cabrer, on s'assurera bien que le cheval ne se défend pas à cause de la sangle, car le cas est très commun. Pour cela, toutes les précautions pour le seller et pour le sangler progressifs seront prises. On promènera l'animal en main, en lui indiquant de partir à la voix; on le caressera s'il fait preuve d'obéissance, on le grondera si l'on sent chez lui une résistance à écouter.

Sur un ton impératif, suivi si c'était nécessaire d'un coup de cravache porté sous le ventre, on l'obligera à se porter en avant aussitôt qu'il sera commandé. De temps à autre, on resserrera la sangle, et lorsque celle-ci sera suffisamment tendue, on demandera au cheval d'effectuer de nombreux départs tenu en main. On l'arrêtera donc souvent, après quelques pas, mais en maintenant son attention en éveil, c'est-à-dire sans lui accorder de repos proprement dit. Si, pendant la marche, l'animal se faisait par trop traîner, le cavalier se placerait vers l'épaule, pendant qu'il cravacherait en arrière, de préférence sous le ventre.

Aussitôt qu'on s'apercevra que le cheval est devenu assez souple dans ses déplacements, on essaiera de se mettre en selle. Tout d'abord, on tirera sur l'étrivière à l'aide de la main droite, à plusieurs reprises, puis on demandera un départ. Si l'animal pointait au moment où la selle exerce une pression sur son dos, on le punirait instantanément en le cravachant avec énergie et en le grondant sévèrement. Au contraire, s'il ne se défend pas, le cavalier le caressera de la main et lui parlera sur un ton de voix léger et flatteur.

La traction sur l'étrivière gauche, opérée d'abord à la main, aura lieu ensuite à l'aide du pied posé sur l'étrier. Il est assez simple pour le cavalier, dans la position qu'il occupera dès lors, pendant que sa main gauche appuie sur l'encolure, tout en tenant les rênes de filet, de caresser à l'aide de la main droite les côtes du cheval, ses reins, sa croupe. Entrepris ainsi, l'animal a vite reconnu qu'il lui est plus profitable de rester tranquille.

Progressivement, le cavalier cherchera à se mettre debout sur l'étrier, sans rester trop longtemps d'abord contre la selle. Il n'esquissera qu'un enlever pour débuter, puis peu à peu, en augmentant la durée du temps pendant lequel le poids se fait sentir sur le dos de l'animal, il arrivera à pouvoir se placer sur l'étrier et à s'y maintenir. Les flatteries de la main, qui seront faites d'abord sur le côté gauche du corps du cheval, devront être accordées également vers le côté droit, sur les reins, les côtes, l'encolure. Le cavalier, se penchant sur la selle, arrivera même sans trop de difficulté à caresser l'animal sur son épaule droite, assez bas.

A partir de ce moment, il sera facile de se rendre compte que le cheval qui se cabre ne manifeste plus aucune crainte, aucune peur, qu'il n'a plus de tendance à s'enlever de l'avant-main comme il le faisait auparavant.

Aussitôt que le cavalier pourra rester juché sur l'étrier gauche et se coucher sur la selle, il lui sera aisé, par un appel de langue et des tapotements exercés à l'aide de la main droite, agissant sur l'épaule ou vers le coude de droite du cheval, de faire déplacer le membre antérieur droit. C'est là une esquisse dans le mouvement en avant qui, une fois réalisée, devra être toujours suivie d'une caresse et d'un léger repos.

En continuant progressivement, le cavalier pourra obtenir, sans s'être mis en selle, un départ assez calme de l'animal, qui effectuera un ou deux pas, même davantage, sachant qu'il est caressé. C'est en profitant d'un déplacement du cheval sur la marche régulière en ligne droite et obtenue comme il vient d'être dit que l'on devra se mettre en selle en position normale.

Tout ce que je viens de recommander pourra paraître assez simple et bénin, surtout si l'on compare la gravité du défaut aux moyens que j'indique pour le combattre. J'ai toujours réussi avec des animaux qui cabrent ou qui pointent. Je ne puis donc qu'indiquer la façon de les maîtriser que j'ai utilisée contre eux.

Je résumerai en quelques mots le procédé que je recommande contre le cabrer :

Se placer dans une position telle que le cheval s'enlevant de l'avant-main, sous l'action du poids, puisse être libéré de ce poids au plus vite, comme aussi être instantanément cravaché. Habituer peu à peu l'animal à supporter avec calme le cavalier sur une étrivière, à partir d'un côté d'abord, puis en ligne droite.

La manœuvre que je signale pour lutter contre le cheval qui pointe, c'est-à-dire le placer du cavalier debout sur l'étrivière, est d'une utilité incontestable. Si donc la personne qui est chargée du dressage d'un animal cabreur était d'une taille trop peu élevée, comparée à la hauteur au garrot du cheval, il serait très utile, pendant la période initiale de la mise au point, d'allonger l'étrivière pour que le cavalier ait mieux l'étrier à la portée de son pied. Je vise en ce moment les manœuvres qui aboutissent à faire rester l'animal tranquille. Au fur et à mesure que la docilité du cheval sera obtenue, il sera toujours facile de raccourcir l'étrivière pour remettre l'étrier au point voulu. Le plus sage est d'attendre le moment où le cheval, s'étant déjà déplacé, semble vouloir accepter de recevoir le cavalier sur le siège de la selle.

§ 7. — CHEVAUX QUI FONT LE SAUT DE MOUTON.

Le saut de mouton, produit par certains animaux aussitôt qu'ils sont montés, provient d'une contracture brusque de leur colonne vertébrale. Celle-ci se vousse en contre-haut avec force, l'animal organisant la défense dans le but de lancer en hauteur la charge dont il veut se débarrasser. Le bond, désigné sous le nom de saut de mouton, est quelquefois provoqué par une sensibilité excessive vers le passage des sangles, comme aussi par la compression des muscles du dos par la selle. Ce sont les jeunes animaux, surtout ceux qui n'ont jamais été sellés ou montés, qui se défendent en produisant le saut de mouton. L'animal, obligé de se déplacer, est d'abord gêné dans son dessus par la pression d'un corps étranger; son épaule subit par en haut un contact gênant, lorsqu'elle bascule vers l'arrière par son extrémité supérieure, dans le lancer du membre antérieur pendant la marche. L'effet produit est donc un arrêt brusque du mouvement, un engager en arrière de l'avant-main, pour libérer le garrot de la selle (l'animal se met sous lui). La détente se fait en hauteur, d'autant plus facilement d'ailleurs que la sangle invite elle-même le cheval à remonter sa colonne vertébrale.

Le saut de mouton, observé sur un jeune animal, indique toujours le manque de dressage et d'habitude de porter. Présenté par un cheval déjà âgé, ayant été monté, il fait entrevoir que le sujet a eu, à plusieurs reprises, l'occasion d'obtenir gain de cause en se débarrassant de son cavalier, par le fait de se contracter énergiquement dans son dessus.

Remédier au saut de mouton n'est pas aussi difficile qu'on pourrait le supposer. Le cavalier devra faire tout son possible pour combattre cette défense, en évitant surtout de l'aggraver par une imprudence. Il étudiera donc sa monture avant de se décider à la maîtriser. Il devra se rappeler qu'un animal manquant de dressage peut rétiver en produisant le saut de mouton s'il était brusqué la première fois qu'il est sellé; qu'au contraire, le même sujet se montrera généralement doux, n'accusant aucune violence, s'il est entrepris avec un certain doigté. Beaucoup de chevaux partent par bonds désordonnés parce qu'ils ont été saisis un beau jour au moment du montoir.

On ne saurait donc trop insister sur le départ en main, sur le seller pratiqué avec douceur, lorsque, pour la première fois, on doit monter un cheval. On évitera ainsi d'avoir dans la suite à corriger le défaut dont il est question dans ce paragraphe. En ce qui concerne le dressage, tout comme en médecine, mieux vaut savoir prévenir que guérir. Si l'on constate qu'un animal, dès qu'il se sent serré par la sangle, cherche à se mettre en boule dans un départ étant tenu en main, à plus forte raison s'il bondit au démarrage voussant sa colonne vertébrale, il sera prudent de ne le monter qu'après que l'on sera bien convaincu que le harnachement ne provoque chez lui aucune gêne.

La facilité de la marche s'obtiendra après de nombreux départs, l'animal étant tenu par son conducteur pied à terre. Une fois assoupli par de fréquents démarrages, se soumettant peu à peu à la voix du cavalier, le cheval sera plus facilement paralysé dans le saut de mouton. En tout cas, sa défense aurait alors un caractère moins violent.

On devra aussi, comme il a été dit au sujet des chevaux qui pointent, habituer peu à peu le cheval qui bondit à supporter la charge sur son dos. On l'initiera au départ pendant que, penché sur le siège de la selle, le cavalier exercera des tapotements à la main ou à la cravache sur l'épaule et vers le coude à droite. Ces manœuvres suffisent souvent à obtenir un déplacement en avant tout à fait normal, sans que le cheval songe même à esquisser le saut de mouton qu'il aurait donné sans cela.

Il faut donc savoir procéder avec tact et sans se hâter, entrer dans tout le détail de la leçon à laquelle je faisais allusion plus haut (voir page 192), même si l'on était prévenu que le cheval a été déjà monté. Le cavalier se mettra en selle après que sa monture aura marché quelques pas en le portant sur l'étrivière gauche. Dans la majorité des cas, en agissant ainsi, on pourra éviter le saut de mouton. Si celui-ci était produit, on ne négligerait pas de mettre pied à terre, on cravacherait l'animal très fortement en signe de punition; on remonterait ensuite à cheval en utilisant le procédé déjà indiqué.

Il reste enfin une catégorie de chevaux qui, malgré les précautions que je recommande, accuseront le saut de mouton dès que le cavalier se sera mis en selle. Pour ceux-là, il est nécessaire que la personne qui entreprend le dressage n'ait aucune appréhension et ne se laisse nullement intimider par le cheval. Celui qui a l'habitude d'aborder les obstacles, qui sait par conséquent se placer dans la selle en position favorable à la descente d'un saut ordinaire, aura vite fait de parer au saut de mouton, surtout que cette défense peut être abrégée ou réduite en attaquant l'animal. On répond donc à celui-ci par un violent coup de cravache, allongé de la côte à la cuisse, donné à tour de bras, pendant qu'on penche le haut du corps en arrière et que, de la main, on soulève les rênes de filet. Par l'effet de la punition infligée, la colonne vertébrale du cheval se décontracte; le mouvement en hauteur est paralysé. A chaque bond de l'animal, on répond de la même manière.

Il est très rare que le cheval, entrepris aussi énergiquement, continue à produire le saut de mouton, car il a très vite la sensation que la cravache empêche sa défense.

Je ne suis pas très partisan de l'emploi de l'éperon pour combattre le saut de mouton, car, sans l'empêcher, l'action énergique des jambes semble toujours le renouveler. Il est facile de se rendre compte pourquoi le cheval, piqué en arrière des sangles, a une tendance à accuser la défense que l'on veut paralyser. Le sujet éperonné remonte son flanc, vousse son rein, ce qui tend à augmenter la convexité de la ligne du dessus. A l'aide de la cravache, au contraire, on empêche la voussure du rein. Le châtiment produit par elle est d'ailleurs d'autant plus efficace qu'il vient agir d'un seul côté. Ne pas utiliser l'éperon est aussi plus commode, puisque le cavalier n'a pas à déplacer son assiette, comme il le fait quand il actionne les jambes.

Pour aider l'effet de la cravache, j'ai dit plus haut que les rênes de filet doivent relever la tête de l'animal. Le cavalier portera donc, aussitôt qu'il aura frappé le cheval, sa main droite sur la rêne de filet du côté correspondant. Le déplacement du corps de l'animal se faisant par l'arrière, vers le côté gauche si l'on a cravaché à droite, en relevant la main droite, le mouvement par l'épaule gauche pourra se produire, alors qu'une plongée de la tête sera évitée. Le sujet quinteux est donc mis dans l'obligation de se déplacer sur une partie de cercle, à main droite, quand la marche directe ne se produit pas. C'est là le seul moyen réellement pratique qui doive être recommandé contre le saut de mouton.

Ainsi qu'on a pu le voir, je cherche à décontracter le cheval qui bondit en hauteur, pendant que je relève son encolure. Pour des cavaliers solides en selle, je conseillerai même d'attaquer un certain nombre de fois de suite, à la cravache, sans trop agir sur les rênes. S'il peut être employé, ce dernier moyen est des plus salutaires; c'est celui qui doit être préféré à tous les autres. Le châtiment simple qu'il comporte fait disparaître d'emblée la tendance du cheval à se contracter pour donner sa défense. Ainsi que je l'ai dit, dans ce cas, le cavalier doit être confiant dans son assiette.

Il ne faut pas s'exagérer la difficulté que l'on peut éprouver en attaquant le cheval, car les réactions données à chaque bond sont bien diminuées; de plus, comme les sauts ne sont produits qu'à la cravache, il est facile de se méfier. La certitude de voir le caractère de l'animal dominé presque de suite fait recommander d'employer le cravacher énergique contre un cheval qui se déplace en saut de mouton.

On pourra également utiliser, concurremment au châtiment que je viens d'indiquer, un commandement à la voix, sec et bref, précédant toujours l'action de la cravache. Le sujet se mettra en marche aussitôt après avoir entendu le commandement plutôt que de s'exposer à être châtié instantanément.

Des arrêts et des départs fréquents, provoqués à chaque séance, mettront le cheval quinteux en bonne condition, pour que peu à peu ses démarrages se fassent sans à-coups violents.

§ 8. — CHEVAUX QUI RUENT.

Les chevaux capricieux qui détachent des ruades sont assez nombreux. Ce sont les juments qui présentent surtout ce défaut. Une sensibilité excessive des reins, une faiblesse de la même région ou des jarrets peuvent aussi être la cause de la défense.

Il est assez difficile de pouvoir dire si le dressage de l'animal qui rue sera aisé, car les moyens de remédier à la croupade ne peuvent donner de résultats très sensibles que chez des animaux non souffreteux.

Un cheval qui détache des ruades subira d'abord un certain dressage à la main. Le cavalier, à terre, tenant son animal en placer par une rêne, exercera des pressions et des chatouillements à l'aide de la cravache sur le rein, les côtes, le flanc, en dessous du ventre, sur la croupe de l'animal. A chaque défense de celui-ci, on le frappe fortement sur les reins ou la croupe par un coup de cravache. Instantanément, la rêne de placer sera tendue pour redresser la tête. Si, après la punition, le sujet ruait de nouveau, on frapperait une deuxième, une troisième... fois, jusqu'au moment où il n'y aurait plus d'enlever du train postérieur. On s'efforcera donc de punir l'animal en lui infligeant un nombre de coups de cravache égal à celui de ses ruades. On recommence ensuite à promener l'extrémité de la cravache sur l'arrière-main, jusqu'au moment où le sujet n'accuse plus de défense.

Préparé ainsi, le cheval qui a l'habitude de ruer pourra être monté sans trop de danger pour le cavalier. Il suffira de prendre encore toutes les précautions du montoir et du départ progressif, que j'ai bien des fois rappelées jusqu'ici (page 47).

Aussitôt en selle, le cavalier se mettra en garde

en prenant instantanément les rênes de filet, maintenues dans la main gauche haut placée. Une ruade sera toujours réprimandée par l'action de la cravache, frappant en arrière pendant que la tête du cheval est relevée. Comme dans le pied à terre, le châtiment devra être sévère et infligé à chaque défense.

A moins d'avoir affaire à un sujet que la souffrance porte à la méchanceté, le procédé que j'indique sera suivi à bref délai d'un bon résultat. Il est assez facile à appliquer et les craintes d'accidents qu'il peut engendrer ne sont pas nombreuses. La personne qui est en selle peut toujours paralyser une grande partie des réactions d'une ruade par une traction adroite opérée à temps sur les rênes. Ensuite, elle est prévenue que la défense peut être répétée au coup de cravache. Généralement, l'importance des ruades, sauf peut-être pour la première, est en raison inverse de la force avec laquelle le châtiment est administré. Il n'y aura donc pas lieu de frapper modérément, mais au contraire à tour de bras.

Le cheval qui rue ne sera jamais attaqué au début à l'éperon. On ne pourrait pas agir avec assez de rapidité pour le châtier si l'on se servait de l'action énergique des jambes. Le fait d'actionner à la botte le flanc du cheval a aussi l'inconvénient de déplacer l'assiette du cavalier et invite celui-ci à porter le haut du corps en avant. La punition par la jambe sera donc réservée pour le moment où le cheval n'accusera plus que de faibles ruades, c'est-à-dire au cours des reprises, si l'on en reconnaissait la nécessité, et non dans un premier démarrage.

§ 9. — CHEVAUX QUI CHERCHENT A MORDRE LE CAVALIER.

Il existe certains chevaux qui, dès qu'ils sont montés, cherchent à attaquer par les dents la jambe de leur cavalier. Le dressage de ces animaux consiste surtout à lutter contre eux avec adresse.

On déplacera d'abord en main et au trot le cheval qui mord. Les attouchements brusques des étrivières, d'une part, combinés aux froissements du harnachement, habitueront le sujet au frôlement que pourra produire ensuite la botte. Cette pratique, insignifiante par elle-même, peut déjà suffire à certains animaux mordeurs.

Pour d'autres, qui attaquent encore après qu'il a été pris les précautions indiquées, il convient de leur placer la tête en position telle que la bouche ne puisse venir en arrière. Avec la rêne de filet seule, ou en agissant par les deux rênes d'un même côté, on détermine une rotation de la tête et un relèvement du bout de nez, opposant ainsi la torsion de l'encolure à l'incurvation de celle-ci, que le cheval doit produire pour attaquer en arrière par la dent.

Si l'animal cherche à mordre vers la gauche, c'est par un placer à droite exagéré que l'on luttera avantageusement contre lui. Dans ce cas, la main droite, croisant l'encolure, se portera franchement à gauche. La défense sur le côté droit sera combattue par un moyen inverse. Lorsque l'attaque se produit indifféremment vers la gauche ou vers la droite, une tenue rigide des rênes, aidée par un croisement des mains sur l'encolure, déterminera une fixité de la tête, empêchant le cheval de se rendre nuisible.

Le cavalier aura également soin d'utiliser de plus, si cela lui était nécessaire, deux actions complémentaires contre le cheval mordeur. D'abord, la mise en marche rapide, qui mettra l'animal dans l'obligation de placer son balancier rectiligne; ensuite, le châtiment à la cravache, à infliger sur le bout du nez, à chaque fois que la tête sera déviée en arrière dans un but d'attaque.

Comme il arrive souvent que le cheval mordeur est un chatouilleux, il sera prudent de ne pas trop agir avec les jambes, avant que l'on n'ait eu la sensation que l'animal ne cherche plus à incurver son encolure pour mordre.

§ 10. — CHEVAUX QUI FRAPPENT DU DERRIÈRE.

Des défenses qui peuvent être paralysées de la même façon que celles du paragraphe qui précède sont les coups de pied que donne un cheval en cherchant à accrocher la jambe du cavalier.

Les mêmes précautions qui ont été décrites (pages 163 et 164) seront prises ici pour habituer le cheval au contact du harnais sur les côtes. La même tenue de rênes est également à conseiller : un placer exagéré empêchant un coup de pied d'être produit avec force et en avant. L'action de la rêne devra toujours se faire sentir diagonalement au membre qui vient frapper. Si c'est nécessaire, par la cravache, on pourra donner aussi une réprimande sévère sur le train postérieur, du côté où l'attaque sera constatée, imitant ainsi la correction utilisée contre la ruade.

§ 11. — CHEVAUX PEUREUX AU DÉPART.

Certains animaux montrent un affolement très marqué aussitôt qu'ils ont un cavalier sur le dos. Leur dressage n'a rien de bien particulier. J'ai cité le cas toutefois, parce qu'il peut être rencontré.

Le cavalier devra imposer la soumission à ces chevaux peureux, et leur faire acquérir peu à peu la confiance nécessaire, en procédant avec beaucoup de calme. C'est par une répétition fréquente du montoir, associé au départ, qu'on arrivera à pallier aux inconvénients dont peut être cause un affolement non motivé. Le cavalier agira sans aide; toute brusquerie sera évitée, toute maladresse proscrite dans le dressage d'un cheval peureux. Si une correction s'impose, elle ne sera donnée qu'à bon escient, sans exagération, et seulement pour attirer l'attention d'un sujet affolé. Elle devra être toujours très courte, suivie d'un appel au calme par la voix ou par la caresse.

2° Chevaux à reprendre pendant le travail.

Les animaux qui, pendant le travail, opposent une certaine résistance à se soumettre à la volonté de leurs conducteurs sont assez nombreux. Leur façon de lutter s'accuse par des défauts divers qui dépendent soit du caractère de l'animal, soit de son tempérament, ou encore qui peuvent être la manifestation d'allures vicieuses, naturelles ou acquises par au départ (page 177).

J'ai cherché à grouper en une classification assez simple l'ensemble des défenses que l'on peut rencontrer. Quelques-unes ont été déjà mentionnées au moment du dressage des chevaux difficiles au départ. Je les signale de nouveau pour permettre de les retrouver plus facilement, car les mêmes défauts sont souvent contraires à la bonne exécution du travail. Quant aux allures défectueuses, elles feront l'objet d'un chapitre spécial.

§ 1er. — CHEVAUX FROIDS OU EN ARRIÈRE DE LA MAIN.

La manière de se servir d'un cheval froid au travail est en tout point semblable à celle qui a été indiquée précédemment, au sujet des animaux difficiles au départ (page 177).

Le cavalier devra surtout s'efforcer d'empêcher le cheval de s'arrêter. A la parole, à l'aide de légères secousses sur la selle, en évitant de serrer trop les jambes, action qui pourrait saisir le sujet et amener une contraction favorisant l'arrêt, on entretiendra la marche en avant autant que possible. Si, malgré les précautions prises, l'animal lâchait le travail, on procéderait au départ après l'arrêt, comme il a été dit pour les sujets froids ou rétifs (voir page 180).

La résistance au mouvement régulier n'a rien qui doive alarmer, s'il s'agit d'un animal qui n'est pas encore confirmé au service de la selle. Elle est plus grave, lorsqu'elle est la manifestation d'une mauvaise habitude acquise.

Avec beaucoup de patience, on aura raison sans effort d'un cheval qui, par ignorance, hésite à marcher franchement, en portant une charge sur sa colonne vertébrale. C'est peu à peu que l'on arrivera à obtenir de lui un déplacement en avant bien confirmé. Il faut donc savoir excuser un manque d'adresse pour les débuts d'un cheval; pour cela, le cavalier ne devra pas trop se hâter. L'animal, flatté de la voix, caressé souvent, finira par prendre confiance et par acquérir progressivement la souplesse qui lui est nécessaire pour l'exécution régulière de la marche.

Je l'ai déjà dit, il faut autant que possible éviter toute brusquerie, dans le but d'empêcher le saisissement du sujet, ce qui aboutirait à le rendre plus rétif qu'il ne l'était tout d'abord. C'est pour cela que je recommanderai au cavalier de ne pas abuser de la pression des jambes, qui semble arrêter, plutôt qu'elle ne le met en mouvement, un cheval froid d'allures. Le fait est d'ailleurs facile à vérifier sur n'importe quel sujet non dressé.

Je suis assez partisan toutefois de hâter la mise en condition des chevaux rétifs, en utilisant quand il le faut la pression des jambes. Pour arriver à mon but, je stimule vigoureusement mes montures à la botte, à l'éperon même, mais seulement quand je sens que le mors est bien accepté. Au début, la chose n'est possible que vers la fin des reprises seulement. Un cheval rétif entre souvent en compression, par le seul fait du poids du mors agissant sur la bouche; il ne sera donc possible de le porter en avant par la jambe que lorsqu'il consentira lui-même à tirer un peu à la main du cavalier. Ce n'est donc que vers la fin du travail que l'on sera libre d'agir d'une façon normale, en demandant au sujet de s'employer à fond. A ce moment, d'ailleurs, la rétivité étant amoindrie, il n'y aura aucune crainte de pousser sa monture; le résultat sera d'autant mieux marqué, de séance en séance, qu'il sera possible de récompenser le cheval, aussitôt qu'il aura accusé une bonne marche en franchise. L'animal apprendra donc plus vite, en réalité, quand il ne sera pas rudoyé au début du travail.

Un sujet rétivant après un dressage défectueux devra être corrigé d'une façon semblable à celle que je viens de résumer. Si toutefois, malgré les moyens indiqués, le cavalier voyait sa monture mettre de l'insistance à ne pas se déplacer, il devrait chercher à décontracter le cheval, par le balancer de l'avant-main, commandé après avoir placé le bout du nez de l'animal assez bas. Le balancer aura pour résultat d'amener la mobilité des mâchoires et un appui plus franc de la bouche du sujet. Le même mouvement aura aussi l'avantage de provoquer un déplacement des épaules, qui rappellera à l'animal qu'il ne doit pas lutter en cherchant à s'arrêter.

Le sujet froid au travail pourra donc être vaincu dans son défaut, si l'on utilise le balancer, comme aussi la serpentine, dès que l'on aura l'impression que l'allure commence à mollir.

Il reste une variété d'animaux qui rétivent en cessant brusquement de marcher, en marquant un arrêt en raideur. Il conviendra d'utiliser contre eux, après leur arrêt, la méthode des chevaux rétifs au départ (page 180).

J'en ai assez dit sur ce sujet dans un chapitre antérieur, pour ne pas avoir besoin de m'étendre davantage. Je me contenterai de recommander de ne pas oublier de faire cesser le travail, lorsque le cheval aura marqué une certaine aisance dans son allure. S'il était possible, je conseillerai également, dans les débuts, de monter un cheval rétif, souvent, mais peu à la fois.

§ 2. — CHEVAUX QUI FONT LE SAUT DE MOUTON PENDANT LE TRAVAIL.

L'attaque du cheval pendant le travail, qui se traduit par un saut de mouton, est une sorte de rétivité qui doit être combattue de la même manière que le saut de mouton donné au moment du démarrage. On ne devra pas avoir trop d'appréhension pour la défense en question, puisqu'au cours d'une reprise elle sera toujours produite avec moins de violence que sur un départ.

Le cavalier devra faire attention à ne pas provoquer le saut de mouton par sa faute. Il arrive, en effet, qu'une pression de jambes trop hardie détermine la détente en hauteur d'un animal nerveux et à bouche sensible. J'ai d'ailleurs signalé la chose précédemment.

Les précautions à prendre pour lutter contre le cheval seront exactement celles que j'ai indiquées au paragraphe 7 (page 194). La seule différence, c'est qu'au cours du travail, comme il n'y a pas lieu de mettre pied à terre, les efforts du cavalier doivent tendre surtout à déplacer le cheval sur le cercle lorsqu'il s'obstinera à rétiver. La cravache devra donc être actionnée vigoureusement, dans le but de déterminer une chasse des hanches vers la gauche, pendant que la rêne de filet du côté droit, légèrement relevée, complétera le placer sur le cercle à main droite.

Il est bien rare qu'un animal s'obstine longuement à bondir sur place lorsque, monté énergiquement, il se rend compte que les sauts qu'il produit ont pour conséquence un châtiment sérieux par la cravache. Ainsi donc, une hésitation trop grande, de la part du cavalier, serait une faute qu'il faudra toujours éviter en agissant aussitôt et comme je le recommande.

§ 3. — CHEVAUX QUI CABRENT.

Le pointer pendant le travail est assez commun chez les animaux qui, ayant une bouche sensible, sont montés par des personnes ayant une main dure, nerveuse ou crispée. Le défaut, par contre, n'est toujours rencontré qu'exceptionnellement par un cavalier qui sait donner à ses montures une confiance immédiate.

Le cabrer sera toujours évité, si l'on sait rendre

légère l'action des rênes, au moment où l'on sent le cheval en trop grande compression. Tout ralentissement exagéré d'allure, tout arrêt non motivé, indiquant une tenue de rênes un peu forte, seront combattus immédiatement par un desserrer des doigts.

C'est là un premier moyen dont l'efficacité ne fait aucun doute. Pour qu'il soit employé à temps, le cavalier ne devra jamais oublier de laisser sa main entr'ouverte, lorsqu'il aura à conduire un cheval qui a une tendance à s'enlever de l'avant-main. De la sorte, à la suite d'un arrêt, on n'aura pas à constater le cabrer, qui s'établit quelquefois lorsque le cavalier, par l'élan qui est donné à ses jambes, ou au haut de son corps, imprime une forte secousse sur le siège de la selle, changeant ainsi, selon mon expression, la trempe du ressort animal. Ma tenue des rênes (main desserrée) empêchera donc souvent la défense, puisqu'il n'y aura pas compression.

Pour lutter contre le cheval sensible au poids du mors et des rênes agissant sur la bouche, il faut aussi que le cavalier cherche à déplacer sa monture sur un côté. On tient donc les rênes dans la main gauche, pendant que la main droite saisit la rêne droite du mors de filet assez bas. La main droite est portée en avant, surtout en dehors, et agit d'une façon énergique si c'est nécessaire. Le résultat recherché est de placer le bout du nez du cheval de côté et en bas, pour provoquer une décontraction du balancier et une incurvation générale du corps de l'animal.

La commande sur une rêne, sentie à temps par le cheval, oblige celui-ci à se déplacer sur une portion de demi-cercle, tout au moins à marquer le demi-tour sur une épaule. On peut donc parfois conserver dans le mouvement un sujet qui tenterait l'arrêt pour produire le cabrer.

S'il s'agissait d'un cheval par trop quinteux, le cavalier devra utiliser la cravache du côté où la rêne invite au tourner. Il sera facile de frapper du petit bout de la cravache un animal sur les côtes, ou vers le flanc, à l'aide de la main droite tenue basse, pendant que cette même main actionne la rêne droite de filet. Châtié à maintes reprises, et mis dans l'obligation de s'engager sur un tourner même serré, un cheval cabreur néglige vite de se défendre par le pointer.

Remédier au cabrer est donc chose assez simple, si l'on sait conserver un certain calme pendant la défense, et si l'on évite surtout de se servir des jambes pour obtenir le mouvement droit vers l'avant. Il y a lieu de se rappeler que, saisi des deux côtés à la fois, le cheval s'engagerait trop de l'arrière-main, mouvement qui pourrait ensuite être favorable à un cabrer plus violent.

Il reste un certain lot de chevaux entiers ou très rétifs, qui exigent l'emploi d'une martingale pour que leur dressage soit possible. Dans ce cas, je conseillerai d'utiliser le harnais de contrainte, en n'agissant avec lui que d'un seul côté à la fois. Le cavalier aura plus de facilité pour baisser le nez du cheval de côté, comme je l'ai dit plus haut; il aura aussi plus de force pour lutter contre les muscles contractés d'une encolure massive, retrouvée principalement sur les chevaux entiers.

Aussitôt qu'on le pourra, on devra rejeter la martingale, pour employer la conduite ordinaire, cela dès que l'animal laissera abaisser sa tête sans trop de difficulté. On reprendra alors le sujet, et on luttera contre son défaut par le procédé que j'ai indiqué au début de ce paragraphe.

§ 4. — CHEVAUX QUI RUENT, ANIMAUX CHATOUILLEUX.

La ruade produite au cours du travail ne présente un caractère de gravité que si la défense est répétée plusieurs fois de suite, ce qui arrive si le cavalier ne prend pas la précaution de rester par sa main en contact avec la bouche du cheval et s'il ne fait rien pour parer aux premières ruades. Celles-ci, en effet, pour être produites avec force, demandent de la part de l'animal un abaisser violent de la tête. Aussi, le redressement du balancier, opéré brutalement par le mors de filet, paralyse à coup sûr les deux tiers de la réaction engendrée par la ruade.

Pour combattre la défense, le châtiment à la cravache ou à l'éperon s'impose également. Dans l'un et l'autre cas, les coups seront toujours portés après chaque croupade si celle-ci se répétait. C'est la seule façon de faire comprendre au cheval qu'il faut qu'il cesse pour ne pas être châtié.

Comme il arrive que certains animaux ruent par nervosité, à tout contact de la botte, il est recommandé de ne corriger cette catégorie de chevaux qu'après une étude très approfondie de leur caractère. Je m'explique sur ce point. Un sujet nerveux, sensible à tout frôlement inconnu de la jambe, peut accuser le contact par une voussure du rein, même par une détente en ruade. La tension nerveuse de l'individu, dans ce cas, est seule cause de l'apparition du défaut.

Par habitude et sans châtiment, on pourra arriver à faire supporter le contact des jambes à des animaux chatouilleux. Il suffira d'user de patience envers eux et de chercher à calmer, soit par la voix, soit par des caresses, des contractions dues au saisissement, provoquant un engager de l'arrière-main.

Certains sujets, plus rares, se raidissent dans leur dessus, esquissent une croupade quand leurs articulations postérieures subissent des heurts. Ces derniers sont, la plupart du temps, des arthritiques, accusant les souffrances qu'ils ressentent dans leurs jarrets, leurs boulets, ou vers le rein, par une raideur anormale de leur arrière-main. Pour eux, la ruade qui suit leur contraction n'a d'autre but que de les dégager de la charge qu'ils portent, et qui vient, par son poids, augmenter l'impression douloureuse ressentie au niveau des marges articulaires plus ou moins congestionnées.

La ruade provoquée par la souffrance ne comporte aucune répression. C'est au cavalier, s'il est obligé d'utiliser un de ces animaux frappés d'ostéite, à prendre toutes les précautions nécessaires pour conduire sa monture avec modération.

On ne devra donc pas attacher trop d'importance

à une nervosité qu'une diathèse aurait provoquée; elle devra seulement être prise en considération, s'il s'agit d'éliminer un sujet souffreteux d'un service de selle. Il sera toujours facile, dans ce cas, de reconnaître si la défense est engendrée par la douleur, car elle se produira à tous moments, sans souplesse aucune, et la ruade sera accusée même avec peu de force.

§ 5. — CHEVAUX QUI S'ENCAPUCHONNENT.

Le cheval qui s'encapuchonne pendant la marche peut être comparé à un ressort un peu trop fort pour l'effet que l'on cherche à obtenir. La détente qui se produit par en bas sera paralysée peu à peu, en diminuant la tension des rênes. Moins comprimé par une action légère, le sujet ne prendra qu'un appui incertain allant s'amoindrissant, si la main du cavalier ne fixe le mors que d'une façon indécise. Au fur et à mesure du dressage, l'avant-main s'allégera par le procédé que j'indique.

Concurremment, il conviendra de placer le balancier à l'aide de la rêne droite de filet, la main qui tient la rêne maintenue un peu haute. L'action d'un seul côté agira dans le sens du relever, plus rapidement que la traction sur les deux commissures de la bouche qui exigerait plus de force. Les relevers du balancier, produits à maintes reprises, auront donc pour résultat de décontracter les muscles abaisseurs de la tête, en leur opposant les releveurs.

Une conduite légère finira par la suite à avoir

raison de l'appui trop violent sur le mors. Peu à peu, on constatera que les sujets qui s'encapuchonnent se montrent plus légers à la main. En prenant de l'énergie au travail, leurs allures se relevant, leur dureté de bouche finit aussi par disparaître.

J'ai indiqué la tactique à employer contre le cheval qui roue son encolure et porte sa tête un peu bas. La méthode que j'ai signalée demanderait à être utilisée longuement chez certains animaux, si l'on ne prenait la sage précaution de hâter leur dressage par les appuyer, les contre-changements de main, la serpentine. Les appuyer surtout auront inévitablement raison de la contracture de certains muscles de l'encolure, par la torsion du balancier et la souplesse qu'ils exigent pour leur bonne exécution.

§ 6. — CHEVAUX QUI PORTENT AU VENT.

Le défaut contraire à celui que nous venons de voir est présenté par les chevaux qui placent leur tête et leur encolure en position trop haute. Les animaux qui portent au vent sont toujours d'une conduite difficile. L'incurvation de l'encolure par en haut et le placer de la tête dans le prolongement de la tige cervicale font que les actions du mors sur les barres sont incertaines, parfois nulles. De plus, le cheval qui porte au vent est enclin à faire glisser le mors sur les barres, ou à le rejeter en encensant plus ou moins violemment, dans le but de faire cesser la tension des rênes.

Le défaut dont il est question est assez grave quant

à ses conséquences. Il n'est pas possible de compter sur la commande des rênes dans la conduite du cheval. Le garrot de l'animal s'affaisse pendant le relever de la tête. Le cavalier se trouve également mal en selle, par l'inflexion du corps de l'animal qui veut qu'il soit assis, presque directement, sur les membres antérieurs de sa monture. Enfin, le cheval en mouvement se montre maladroit, par la difficulté qu'il éprouve en distinguant mal les objets et par la surcharge qu'impose à son avant-main la position défectueuse du cavalier.

Toutes ces constatations nous conduisent à cette conclusion forcée : c'est que le sujet, qui se défend contre le mors en relevant sa tête, présente un défaut d'une gravité incontestable, qui est contraire à une bonne exécution du travail de selle.

Les chevaux qui portent au vent sont généralement des animaux nerveux, irritables, d'une sensibilité de bouche souvent exagérée.

Il n'est pas aussi difficile qu'on pourrait le supposer d'avoir raison de l'animal qui porte au vent. Un cavalier, qui aura la main légère, mettra vite en bonne position le balancier d'un cheval relevant sa tête et incurvant son encolure en défense.

Certains, partant du principe que le défaut est présenté principalement par les sujets nerveux, à bouche sensible, utilisent pour la mise au point du cheval une embouchure douce et le travail sur la ligne droite. En opérant de la sorte, on ne saurait mieux concilier le défaut et la façon de lui porter remède. Malheureusement, le moyen dont il est question, et qui est préconisé par beaucoup de personnes, a l'inconvénient sérieux, à mon point de vue, de commencer par la fin.

Je m'explique sur l'opinion que je viens de formuler. Il faut admettre qu'un cheval qui marche sur la ligne droite, le balancier bien placé en toutes circonstances, est un sujet déjà mis et non un animal en dressage; que, de plus, la récompense doit toujours accompagner le travail bien exécuté et non le précéder. Le cheval auquel on accorde une embouchure légère : filet simple, mors à pompe, mors caoutchouté, bénéficie d'un repos qui ne devrait lui être donné qu'après sa soumission, tandis qu'on le lui accorde avant qu'il n'ait pris l'habitude de se laisser conduire par la bride ordinaire, avec laquelle on doit utiliser tous les chevaux de selle. C'est pour cela que j'impose au sujet qui relève la tête la bride anglaise complète, ainsi que des mouvements sur le cercle, pour arriver à le maîtriser au plus tôt.

Voici le détail du travail à faire exécuter à un cheval qui place sa tête en position trop haute. Dès les premières séances de manège, après quelques temps de trot, on commande des voltes, des doubler, des serpentines, à l'allure du pas. Tous ces mouvements seront faits aux deux mains. Pendant les temps de repos, on usera des flexions de tête. Il faut éviter pendant le travail de demander à l'animal une marche trop longue sur la ligne droite; par conséquent, on utilisera la serpentine de plus en plus serrée.

Cette mise de l'animal sur le cercle aura assez vite

raison de la raideur présentée par les muscles releveurs de l'encolure. Les abaisseurs de la même région et de la tête, comme ceux portant le balancier de côté, seront donc opposés aux premiers. Dans tous les commandements, il ne faudra pas hésiter à porter assez bas la main qui indique la marche circulaire. Il sera même préférable d'agir à la fois sur les deux rênes, mors de bride et de filet d'un même côté, plutôt que d'utiliser l'action seule produite par la rêne attachée au mors de filet. Si l'on procède comme je l'indique, il est indispensable de lâcher au maximum les deux rênes du côté opposé au mouvement. En agissant ainsi, le ploiement de l'encolure, son abaissement, ainsi que celui de la tête, sont facilités par la position oblique prise par le mors dans la bouche du cheval, qui favorise l'effet sur le côté que l'on cherche à produire.

Il y a lieu aussi, lorsqu'on veut procéder au dressage d'un cheval qui résiste trop pour abaisser sa tête, de frapper légèrement du gros bout de la cravache le bord supérieur de son encolure, assez près de la nuque. Les coups portés ont pour conséquence forcée d'amener le plonger du bout du nez du cheval. Le cavalier doit profiter de l'inflexion par en bas que prend alors l'encolure, pour donner une tension aux rênes, fixant ainsi le balancier en bonne position. Si, après un certain temps, l'animal relevait encore la tête, il suffirait d'agir de la même façon.

Je terminerai sur ce dressage en disant que la marche directe ne sera prise que progressivement, au fur et à mesure que les sujets se montreront soumis, en plaçant convenablement leur tête. Je ne négligerai pas non plus de prévenir le lecteur qu'il lui sera souvent utile de se servir de ses jambes pour des chevaux qui relèvent la tête. Cela ne doit pas trop surprendre, si l'on réfléchit que ces mêmes animaux sont doux de bouche, et qu'entrant en compression avec facilité, il y a lieu, si l'on a la main un peu rigide, de bien fixer la machine en arrière pour faciliter la détente du ressort en avant et l'obtenir dans une position horizontale.

Je me résumerai en quelques mots, en disant qu'il faut d'abord placer la tête d'un cheval qui porte au vent, qu'ensuite on doit le conduire hardiment dans les jambes, pour le maintenir dans la position que le dressage aura recherchée.

§ 7. — CHEVAUX VIFS, SENSIBLES.

Il existe une certaine catégorie de chevaux chez lesquels la vivacité des mouvements est telle qu'elle devient une gêne pour les personnes qui les montent. Les sujets qui présentent le défaut visé dans ce paragraphe sont généralement insoumis, par le seul énervement que produit sur eux la meurtrissure du mors ou le contact des jambes du cavalier.

Il n'est pas rare que le cheval irritable ne réagisse à une légère saccade des rênes ou à une faible pression des jambes, en relevant sa tête avec brusquerie et en engageant exagérément son arrière-main. Il se comporte par conséquent comme un animal qui porte au vent. C'est ce qui explique pourquoi j'ai placé le défaut des animaux trop vifs à côté de celui des chevaux relevant la tête.

Le dressage à opposer à un sujet violent est semblable à celui que j'ai indiqué au paragraphe précédent. La variante importante dont il faut savoir tenir compte est la suivante : il faut beaucoup caresser le cheval trop vif, lui parler avec douceur, d'une façon presque continue pendant le début de son dressage. Il ne faut pas hésiter aussi à manéger le même animal souvent et peu à la fois; on lui imposera de nombreux mouvements pendant les reprises, à des allures lentes, en vue de l'habituer aux chocs du mors sur les barres et aux frôlements des jambes. Parfois, il y a lieu de promener la cravache avec douceur de la nuque vers le garrot, en vue de fixer l'attention du cheval. Le travail libre, les rênes tombant sur l'encolure, sera exigé de temps en temps. Les arrêts répétés, les caresses, le parler exagéré, le pied à terre suivi du monter à cheval, viendront aussi en aide si l'on s'adresse à un animal violent par nervosité.

§ 8. — CHEVAUX ACCUSANT LA PEUR, QUI FONT LE DEMI-TOUR.

Les montures qui ont subi un dressage bien compris se défendent bien rarement à l'approche d'un objet qui vient les impressionner. Bien conduits, ces mêmes animaux, s'ils se laissent influencer par des bruits insolites ou par la vue d'un objet fixe ou animé, donnent la sensation d'être surpris, s'arrêtent peu à peu, flairent de côté, se déplacent latéralement et ne se retournent qu'exceptionnellement.

Par contre, des sujets mal dressés et même ceux confirmés au travail, mais confiés à des personnes maladroites, peuvent accuser brusquement la peur par une défense qu'un dressage rationnel seul les empêchera de répéter dans la suite.

La force d'inertie au travail qu'opposent sans exception presque tous les chevaux peureux est une cause primordiale du défaut. Ce qui me porte à avancer cela, c'est que la peur apparaît presque toujours dans la première moitié d'une promenade, c'est-à-dire pendant que l'on s'éloigne de l'écurie. Je fais allusion par là à la majeure partie des chevaux ayant peur. Il en est qui, par tempérament, sont impressionnables au plus haut point, et d'autres qui doivent leur défense à un manque d'intégrité des organes de la vision.

Tous les sujets, au moment où la peur se manifeste sur eux, abandonnent le travail. Par un arrêt brusque, la compression du ressort animal cesse, les rênes sont abandonnées, le mouvement en avant ne se produit plus ou il a lieu d'une façon irrégulière. C'est ce qui me permet d'avancer que c'est une véritable force d'inertie que les chevaux peureux nous opposent.

Dans la méthode que je préconise contre le défaut, je tiens compte des quelques considérations qui précèdent. J'utilise le placer exagéré, obtenu par une rêne, pour fixer un cheval qui veut se dérober à la vue d'un objet quelconque. L'action à produire par la rêne est d'autant plus facile et rapide que l'animal lui-même, en se portant de côté, se met dans le placer. Ainsi, par exemple, pour un déplacement brusque sur la gauche, que tenterait un cheval ayant peur à droite, je mets énergiquement mes deux mains à droite en tendant le plus possible la rêne gauche. Par le fait de se dégager vers la gauche, le sujet a déjà placé son encolure au contact de la rêne que je veux utiliser contre lui; il me suffira donc d'exagérer la tension de cette rêne. La jambe droite est également venue près du corps de l'animal par la chasse que le train postérieur a accusée pour engager un tourner à gauche.

On a donc ainsi le cheval placé, le bout du nez relevé vers la gauche, et maintenu en arrière par la jambe droite. La position du sujet est telle que le contact de la bouche est toujours ressenti par la main, puisque l'animal est encadré normalement. Ainsi, une incurvation du corps du sujet pour une dérobade est impossible, comme tout déplacement latéral peut être limité, par le relever plus ou moins fort de la tête sur la gauche. Cette commande, de plus, fixe l'épaule droite au sol.

Tenu de la sorte, un cheval se soumet volontiers et ne cherche pas à fuir. Il est alors assez simple de le pousser progressivement vers l'obstacle ou l'objet qui a déterminé chez lui une certaine frayeur. De la main inutilisée dans le placer, on caresse le cheval sur l'encolure, dans le but de lui donner confiance. Lorsqu'un animal se dérobe à droite, on procède en sens inverse de ce qui a été dit.

On s'étonnera que je n'utilise pas la traction directe pour empêcher le demi-tour qui suit l'arrêt brusque du cheval qui vient d'avoir peur. La traction directe a l'inconvénient, en favorisant l'incurvation de l'encolure, d'éloigner le train postérieur, de faciliter le demi-tour, comme parfois d'amener le reculer. Au contraire, le tourner et la marche en arrière sont difficiles à un animal tenu en placer forcé par la rêne, position tête en l'air, pendant qu'il est fixé diagonalement par la jambe du cavalier.

Par mon système, le cheval, restant en compression, est toujours prêt à travailler. Le premier mouvement qu'il exécutera, si l'accord des aides est bien établi, sera une sorte de faux appuyer en avant, vers l'obstacle ayant engendré la défense, ou un appuyer régulier, mais ralenti, produit encore en avant dans une direction opposée. Dans ce dernier cas, comme l'appuyer n'est possible qu'à une allure lente, il sera facile de constater que l'animal montrera de la soumission.

La conclusion qui se dégage inévitablement sur le moyen de dresser les chevaux peureux est la suivante : un cavalier se trouvera toujours bien, avant d'employer les animaux au travail de l'extérieur, d'utiliser les reprises de manège, qui permettent de leur demander très souvent des appuyer. Les mêmes exercices devront être repris lorsqu'on aura à lutter contre la défense d'un cheval trop peureux, difficile à maîtriser.

§ 9. — CHEVAUX BARRÉS D'UN COTÉ.

En dehors de la maladresse présentée par la majorité des sujets pour travailler du côté droit, à laquelle j'ai fait allusion au début du dressage, il y a encore la défense opposée par certains chevaux lorsqu'on veut les tourner d'un côté. L'action du mors peut être très mal acceptée par l'une des deux barres, à un point tel qu'elle provoque parfois un déplacement énergique de l'animal en sens inverse du mouvement que l'on cherche à faire réaliser. Le défaut, accusé par cette difficulté de conduite du cheval, fait dire que le sujet est barré d'un côté ou insensible au mors.

Il n'est pas rare d'obtenir à bref délai le dressage d'un animal qui résiste dans le tourner ou qui rejette sa tête en défense dans une direction contraire à celle où elle est invitée. Il suffit pour cela d'insister sur le travail de manège, pendant lequel on demandera au sujet des mouvements répétés, commandés principalement par la rêne à laquelle il a une tendance à désobéir. Les doubler, les voltes, les demi-voltes, les serpentines, permettront d'obtenir une décontraction de l'animal; les appuyer viendront en aide aussi par la mobilité de la mâchoire qu'ils déterminent. Le cavalier sera toujours maître de faire exécuter plus de mouvements commandés sur le côté barré, de façon à obtenir le plus vite possible l'équilibre de la machine qu'il a à sa disposition.

Une précaution supplémentaire, qui pourra aider

à corriger le défaut, consiste à se servir de la cravache que l'on appuie sur le bord supérieur de l'encolure, ou avec laquelle on frappe sur la même région, pour placer la tête assez bas, c'est-à-dire dans une position qui favorise l'acceptation de la commande des rênes. A cette précaution fera suite, dès qu'on le pourra, le travail en flexion de tête sur le côté barré. Aussitôt après, les mouvements sur l'appuyer continueront à assurer l'élasticité des mâchoires.

J'en ai assez dit sur le cheval barré d'un côté et sur le moyen de le reprendre, pour qu'un cavalier, le cas échéant, puisse adopter telle variante qui lui semblera mieux répondre au dressage d'un sujet déterminé.

§ 10. — CHEVAUX EMBALLEURS.

Le défaut d'emballer est un des plus graves parmi ceux que l'on rencontre sur les chevaux utilisés au service de la selle. L'impossibilité de conduire une monture qui, d'après l'expression vulgaire, a pris le mors aux dents, a fait toujours considérer le sujet emballeur comme très dangereux.

Essayer de décrire comment il faut lutter contre le cheval qui vient de s'emporter est peine presque inutile. On doit se contenter, me semble-t-il, d'indiquer quel est le mode suivant lequel on doit conduire les chevaux de selle pour les empêcher de s'emballer.

En analysant les diverses circonstances, les causes

multiples, les influences du caractère, qui peuvent amener un cheval à gagner à la main de son conducteur, nous arrivons à la conclusion que le défaut peut apparaître assez souvent dans une certaine catégorie d'animaux. Ce sont principalement les sujets nerveux, irritables, surtout ceux qualifiés doux de bouche, qui, par moments, partent à une allure irraisonnée, fuyant pour ainsi dire une action qui veut les maîtriser. Le défaut n'a rien qui doive étonner, si l'on songe à la facilité avec laquelle les animaux en question entrent en compression.

C'est cette dernière qui est surtout cause de l'apparition de l'emballer, puisqu'elle peut être engendrée par le seul fait du poids du mors.

Je ne saurais donc trop recommander de laisser libres dans la bouche tous les chevaux délicats, surtout dans les moments où l'on sent que leur énergie semble exaltée. Une fixité trop marquée dans la main, combinée à une action des jambes ou à un déplacement d'assiette, peut suffire à provoquer un départ égaré.

La douleur, qui se manifeste sur les barres, est aussi une cause qui augmente souvent la durée de l'allure vive marchée par le cheval qui a emballé. Pour se rendre compte de ce fait, il suffit d'examiner la façon de se comporter de l'animal impossible à maîtriser. Nous le voyons relever brusquement la tête dans le but de diminuer la tension des rênes; incurver son encolure par en haut, condition défavorable à la parfaite assiette du cavalier; enfin regarder en arrière et en bas, comme pour indiquer la frayeur que semble lui produire la main de son conducteur.

Ce sont ces quelques considérations qui ont motivé l'appréciation que j'ai portée au début sur les chevaux qui emballent.

En principe, aucun animal ne devrait gagner à la main si les cavaliers prenaient la sage précaution de décontracter leurs montures à un moment voulu, comme aussi si le dressage des chevaux à encolure courte, renversée, à bouche sensible, de ceux qui portent au vent, avait été dirigé d'une façon rationnelle. La conclusion de ce qui précède est que le moyen de correction à employer contre le cheval réside plutôt dans des précautions préliminaires que dans un effort réel à tenter à un moment voulu.

Il convient toutefois de chercher à lutter contre un emballement venant à être produit. On devra tirer vigoureusement les rênes d'un côté pour mettre l'animal en cercle. L'action sur les rênes sera quelquefois peu sentie, car la position du mors dans la bouche, la tête étant relevée, veut qu'elle se fasse dans le sens de la tige cervicale. Par des saccades effectuées par en bas et de côté, mieux que par une traction continue, on finira par déplacer le bout du nez vers le côté tiré, ce qui amènera la marche circulaire sur laquelle il sera permis de ralentir. Si l'espace est suffisant, on pourra employer le châtiment sévère, soit à la cravache donnée à tour de bras, soit à l'éperon, du côté où l'on cherche à tourner le cheval. Le ploiement du corps de ce dernier sera ainsi facilité.

Les moyens que j'indique contre le cheval emballeur sont assez simples. Malheureusement, il arrive souvent que le manque de place ou les difficultés du terrain sur lequel on marche ne permettent pas toujours de les employer avec fruit et en temps opportun. Il convient pourtant de chercher à corriger le défaut chez des montures qui en usent trop fréquemment comme moyen de défense.

Pour cela, il suffit de conduire les chevaux à reprendre sur un terrain permettant de les pousser à toute allure. On provoquera alors intentionnellement une compression énergique, puis un galop très stimulé. Si l'animal, à un moment donné, cherche à gagner à la main, on le châtie à coups redoublés de cravache ou d'éperons, pendant que les mains abandonnent les rênes. De la sorte, la vitesse au galop devient telle que le cheval se trouve dans l'obligation d'abaisser sa tête pour se servir de son balancier pour gagner de l'avant.

J'ai eu en Tunisie, comme cheval d'armes, un cheval nommé *Facteur*, du 4e régiment de chasseurs d'Afrique, réputé emballeur à un point tel que l'animal avait été l'objet d'une proposition de réforme. Quelques jours après qu'il me fut affecté, il essaya de me gagner à la main. J'opposai à son galop affolé une stimulation énergique sur un trajet d'un kilomètre sur une route ordinaire. Par la suite, l'animal n'essaya plus, en aucune circonstance, de s'échapper ainsi qu'il en avait l'habitude.

Certains préconisent le serrer du cheval dans les deux éperons venant agir en arrière des coudes, en avant des sangles. Personnellement, je n'ai jamais eu l'occasion d'utiliser ce procédé qui, employé énergiquement, doit être excellent. En effet, l'éperon saisissant le cheval vers la poitrine et en bas, détermine un ralentissement de la respiration et un exhaussement du garrot, deux phénomènes mécaniques qui viennent diminuer la vitesse. L'éperon rend donc maniables les sujets qui semblaient vouloir échapper à la main. Le moyen est à préconiser, mais il demande beaucoup de sang-froid et une présence d'esprit qu'il n'est pas toujours facile d'avoir.

On peut aussi lutter contre le cheval qui s'emballe en se servant d'une martingale à anneaux ou d'une martingale fixe allant de la muserolle à la sangle. Ces deux harnais de contention empêchent le relever de la tête en accentuant au contraire le fléchissement par en bas du balancier. La martingale peut rendre de réels services. Elle favorisera le placer de la tête, nécessaire à l'action du mors, surtout pour un cavalier qui manquerait de force ou qui, ayant des bras trop courts, serait obligé de se servir d'un cheval puissant et vigoureux.

Soit que l'on se serve de l'un ou de l'autre des moyens que j'ai signalés, on ne devra pas oublier qu'une punition devra toujours être infligée au cheval à chacune des fois qu'il aura manifesté de l'affolement. C'est ainsi que l'on devra, lorsqu'on le pourra, l'obliger à marcher plus vite qu'il ne le désire, en employant le procédé que j'ai indiqué plus haut et en l'engageant sur un cercle le plus petit possible. Les deux exercices que je signale sont faits pour amener un animal donné à avoir une certaine appréhension pour prendre ensuite de lui-même une allure désordonnée.

Enfin, il ne faudra pas perdre de vue que le travail de manège proprement dit est tout indiqué pour faire goûter le mors au sujet qui le craint, pour déterminer aussi la souplesse nécessaire que l'encolure doit présenter pour qu'un cheval de selle soit facile à conduire.

§ 11. — CHEVAUX QUI ENCENSENT.

Les chevaux qui encensent sont ceux qui, pendant la marche, relèvent brusquement leur tête par saccades répétées. Le défaut est peu grave aux allures lentes, pas et trot; il peut le devenir s'il est produit au trot allongé ou au galop. L'animal, en encensant, n'a pas d'autre but que de déplacer le mors dans sa bouche et de se dérober aussi à l'action de la main en diminuant ou en supprimant totalement la tension des rênes.

On peut se rendre compte aisément qu'il est facile de ne pas provoquer le défaut chez un jeune cheval si l'on évite d'avoir une trop grande fixité dans la main. En effet, en déplaçant souvent les doigts sur les rênes, en prenant la précaution de ne pas les serrer, on aura toujours un cheval qui pourra déplacer le mors à sa guise par un simple mouvement de mâchoires ou par une descente de main.

Si l'on veut corriger ce défaut, on pourra répondre à chaque mouvement de l'animal par une secousse par en bas. Le heurt que l'on cherche à produire sera donné sur une rêne de filet, pendant que la cravache viendra frapper sur l'encolure plus ou moins près de la nuque. En tout cas, des flexions de tête et de mâchoires, des appuyer nombreux, des serpentines surtout, commandées par les rênes tenues longues, comme je l'ai indiqué à la leçon (page 71) du dressage, permettront d'assouplir l'encolure et donneront aux mâchoires du cheval la mobilité nécessaire pour que le mors soit mieux accepté.

§ 12. — CHEVAUX QUI FONT DES DESCENTES DE MAIN.

L'abaissement de la tête et de l'encolure, appelé communément une descente de main, doit toujours être considéré comme une marque de confiance du cheval envers son conducteur. L'appui franc, que l'animal prend par la bouche pour allonger son balancier, indique que la crainte du mors est dissipée, comme aussi que l'accord des tempéraments est obtenu.

La descente de main, quoique étant un mouvement de soumission, peut dans certains cas, parce que trop souvent répétée, devenir une gêne à la bonne conduite du cheval. Certains animaux font des plongées de tête nombreuses quand ils veulent obliger leurs cavaliers à déplacer leurs mains sur les rênes, surtout quand celles-ci peuvent s'allonger à chacune de leurs demandes.

En aucune circonstance, le défaut ne devra être considéré comme très grave. Je dirai même que, dans les premiers mois du dressage, la majorité des chevaux le présentent. Il disparaît généralement peu à peu, en même temps d'ailleurs que s'acquiert l'habitude de porter le mors dans la bouche et que la courbature des muscles de l'encolure disparaît. On oblige en effet, dans le travail de manège, certains muscles éleveurs ou abaisseurs de l'encolure, suivant la position naturelle de celle-ci à l'origine, à travailler plus spécialement pour que la tête arrive à se bien placer. C'est cette mise en jeu d'un système musculaire, non habitué à entrer en action, qui finit par amener une courbature gênante et pénible. Donc, le besoin qu'a un cheval de selle de laisser tomber son balancier de temps à autre s'explique très bien à l'origine.

Lorsque la descente de main se produit trop fréquemment, surtout lorsqu'on a la conviction que le cheval n'est plus courbaturé, il y a lieu d'entraver de temps à autre le mouvement en question. Il faut savoir exiger de sa monture, à un moment du dressage, de tenir sa tête convenablement pendant un certain temps d'exercice, même au pas.

En fixant d'un seul côté une ou deux rênes, pendant qu'on laisse les autres libres de glisser, on oblige le cheval qui veut faire une descente de main à recevoir un choc par le mors. Celui-ci se produit sur la muqueuse qui recouvre les barres ou vers les commissures des lèvres aussitôt que l'animal allongera son balancier. En changeant de temps en temps le côté que l'on cherche à heurter, le cheval se rendra compte qu'il ne doit descendre sa tête que si un desserrer des rênes le lui permet.

Il n'y a aucun danger à utiliser le procédé que j'indique. On peut même le graduer suivant l'insistance que l'animal mettra à faire des descentes de main. Ainsi, avec un cheval à encolure lourde, qui serait trop tenace à présenter la défense, on répondrait par une saccade de côté au moment où l'on sentirait se produire l'abaissement de la tête. On augmenterait donc, dans ce cas, le choc par le mors vers la commissure des lèvres. Par la crainte qu'aura le cheval de se heurter en produisant une plongée en avant, on triomphera du défaut que l'on a cherché à corriger.

III

CHEVAUX PRÉSENTANT DES ALLURES DÉFECTUEUSES

1° Allures fausses naturelles.

§ 1er. — TRAQUENARD, AUBIN, SAUT DE PIE.

Parmi les allures fausses naturelles que peuvent présenter les animaux, il en est quelques-unes qui peuvent disparaître totalement ou en partie par un dressage approprié. Ce sont : le traquenard, l'aubin, le saut de pie. D'autres sont, au contraire, irrémédiables, quoi qu'on fasse pour les rectifier. Dans ce groupe, nous retrouvons : le bercement, le billarder, etc., allures défectueuses qui ont pour origine une disposition vicieuse des articulations principales ou une mauvaise conformation générale.

La ligne de conduite à adopter contre les allures fausses naturelles étant unique, j'ai groupé dans un même paragraphe le traquenard, l'aubin et le saut de pie. Dans l'une ou l'autre de ces trois allures, on constate que les animaux qui les marchent donnent une mauvaise position à leur balancier. La compression obtenue régulièrement sera donc le moyen le plus sûr que l'on puisse recommander en la circonstance.

Nous savons en effet que le traquenard est un trot décousu avec anticipation du jeu des membres antérieurs sur les membres postérieurs. L'allure est généralement douce, mais elle témoigne d'une usure réelle de l'arrière-main; d'ailleurs, elle est souvent constatée chez les vieux chevaux. L'aubin est un trot irrégulier pendant lequel un des bipèdes transversaux galope. Le saut de pie, enfin, n'est qu'un traquenard de courte durée corrigé par un soulèvement spécial de la croupe.

Ainsi définies, nous voyons que les trois allures dont il est question ici pèchent par une certaine retenue dans le mouvement en avant, celui-ci étant toujours contrarié par une détente en hauteur soit de l'avant-main, soit d'un bipède transversal, soit d'un ou de deux membres postérieurs. C'est une sorte d'encenser que le cheval marchant au trot produira pour esquisser le traquenard, une déviation de côté de l'encolure pour s'engager et marcher l'aubin, une position de la tige cervicale en descente de main pour se lancer au saut de pie. C'est ce qui explique pourquoi je préconise la mise en place du balancier pour corriger les défauts d'allures naturelles susceptibles de perfectionnement.

Une fois que la position de la tête du cheval sera obtenue, on conservera le contact de sa bouche; on pourra alors, par la rêne, empêcher l'enlever d'un membre ou d'un bipède en désaccord avec l'allure normale que l'animal doit marcher. A chaque engager défectueux, en effet, la main sera heurtée par un mouvement spécial du balancier.

En se reportant donc aux conseils que j'ai déjà donnés pour les animaux qui encensent, ceux qui sont barrés, ceux qui font des plongées nombreuses par leur balancier, on verra quel est le mode de tenue de rênes à employer. Il suffira ensuite au cavalier d'être très attentif pour que, par sa main, il saisisse bien toute tentative de marche irrégulière.

Une donnée générale mérite aussi d'être envisagée dans la lutte contre les défauts décrits dans ce paragraphe. Si l'on éprouvait trop de difficulté à obtenir satisfaction, c'est que l'amplitude du pas devrait être augmentée. On essaierait donc, autant que possible, d'allonger le trot pour pouvoir reprendre l'animal pendant qu'il marche à une plus grande vitesse, sa compression alors étant plus facile à obtenir.

On n'oubliera pas non plus que les exercices d'assouplissements qui peuvent être commandés au manège viendront aider la mise en condition de chevaux ayant une tendance à s'échapper à un trot décousu ou désuni.

§ 2. — AMBLE.

L'allure dont il est question ici est presque toujours naturelle; pourtant, à la suite du relèvement permanent de la tête de l'animal pendant le travail, elle peut occasionnellement être acquise.

Le balancement moelleux, dépourvu de réaction, qui caractérise la marche à l'amble, peut paraître agréable à certains cavaliers pour de longs trajets à faire sur route. Il devient contraire à un assouplissement de la machine animale s'il s'agit de faire exécuter à un cheval des mouvements réguliers de manège ou si l'on désire faire marcher un sujet à des allures ayant du tride.

Pour combattre le défaut propre au cheval ambleur, il faut surtout s'attacher à assouplir son balancier, à retenir les engager défectueux de son arrière-main. Les descentes de main, les flexions de tête, les mouvements sur la serpentine, donneront satisfaction sur le premier point. Le travail serré sur le cercle, sur la demi-volte, sur la serpentine, permettra ensuite, quand la tenue de la tête sera obtenue, de modérer l'impulsion du train postérieur et équilibrera le corps de machine, en facilitant le jeu régulier des membres.

La marche à l'amble est souvent très difficile à corriger. Il ne faudra donc point s'étonner de voir le défaut réapparaître de temps à autre chez certains chevaux, même après un dressage très suivi. Le cavalier devra donc, en toutes circonstances, ployer le balancier de sa monture aussitôt qu'il sentira que l'allure de l'amble est donnée. Pour être plus sûr de l'effet à produire, il conviendra même de maintenir en flexion de tête, d'une façon presque permanente, un sujet chez lequel la marche à l'amble est devenue une quasi-habitude.

En résumant les moyens que je recommande d'employer, nous voyons qu'il suffira surtout d'abaisser la tête du cheval, de la placer de côté, pour empêcher le lancer d'un bipède latéral. Mis peu à peu dans l'impossibilité de s'employer à l'amble, le système locomoteur attaquera une marche régulière.

§ 3. — GALOP DÉSUNI.

Un certain nombre de sujets, mis à l'allure du galop, s'échappent par moments du train postérieur pour galoper à faux d'un bipède transversal. Il suffira de chercher l'équilibre de la machine pour empêcher le défaut en question.

On luttera donc contre le cheval qui part au galop désuni en exagérant l'action des aides. Une compression diagonale plus forte aura toujours raison de la défectuosité; elle pourra être secondée ensuite par le travail sur le cercle, qui permettra l'allongement de l'allure, en conservant le jeu régulier des membres. Il faudra surtout attaquer des voltes à rayon assez grand, si l'on n'est pas sûr d'emblée d'obtenir une forte compression. Au contraire, si le travail serré est reconnu nécessaire, il ne sera commandé que lorsqu'on sentira que le cheval est bien confirmé.

§ 4. — CHEVAUX QUI BUTTENT.

Les chevaux qui ont une tendance à butter doivent leur défaut à plusieurs causes : tantôt à une mauvaise conformation, par exemple le genou renvoyé; tantôt à une usure des membres antérieurs; tantôt enfin à une position défectueuse de la tête et de l'encolure pendant la marche.

Il n'y a rien de spécial que l'on puisse recommander pour les deux premières catégories d'animaux. Seuls, ceux qui portent mal leur balancier pourront être repris avec avantage.

Le moyen de les corriger est semblable à celui indiqué déjà pour les sujets qui portent au vent (voir ce défaut page 215. Il suffira ensuite de faire travailler souvent les chevaux sur des pistes à sol irrégulier pour leur apprendre à relever leur genou. Cette dernière précaution aura d'autant plus d'effet que les animaux, en marchant, seront placés la tête basse, se rendant ainsi mieux compte des aspérités du terrain.

On luttera donc contre le cheval qui butte en le tenant en main le moins possible. Ainsi d'ailleurs, le cavalier éprouvera moins de fatigue et pourra mieux actionner ses rênes pour parer à une chute. Le cheval, se sentant moins soulevé, finira lui aussi par ne plus compter sur le soutien qui lui était offert et se fera moins transporter par les bras de son conducteur.

Il existe un moyen préventif qui pourra servir en certaines circonstances : de faire relever la pince des fers de devant chez les animaux qui buttent. Le procédé n'a rien qui touche à l'équitation, mais il viendra en aide au début, en attendant que la maladresse qu'on cherche à combattre chez les montures soit en partie disparue.

§ 5. — ALLURES COUPÉES OU INCORRECTES.

Les allures que l'on peut faire entrer dans ce groupe sont très nombreuses, puisqu'elles peuvent être observées au pas, au trot et au galop. Je n'irai pas les décrire, car j'ai déjà fait l'analyse de certaines irrégularités de marche et des moyens d'y remédier. Je laisserai donc au cavalier le soin de régler lui-même sa ligne de conduite dans la rectification des allures incorrectes. En se servant d'ailleurs de l'une ou de l'autre des méthodes déjà indiquées, et suivant le cas, il pourra toujours corriger un défaut d'allure, surtout s'il s'attache à exiger du cheval un travail suivi dans une carrière ou dans un manège.

2° Allures fausses acquises.

La plupart des allures que j'ai signalées dans le groupe des allures défectueuses naturelles peuvent aussi être présentées par des animaux qui les ont contractées après avoir subi un mauvais dressage. C'est ainsi que l'amble, le galop désuni, peuvent prendre naissance chez des chevaux qui ont travaillé dans de mauvaises conditions de compression, par exemple avec une tenue de tête trop haute.

D'une façon générale, c'est toujours en se servant trop brutalement du mors qu'on engage les membres postérieurs à ne pas produire les mouvements réguliers qu'ils commencent. On provoque les allures défectueuses par l'effacement de la croupe, l'acculement sur les jarrets, le balancement de côté, le relever de la tête.

En examinant attentivement les diverses formes des marches vicieuses acquises par les animaux, nous concluons facilement que, presque toujours, c'est par un enlever de l'avant-main que l'allure fausse se produit. C'est ce qui motive le nom d'*allures ascendantes* ou en *cheval assis* que je donne à la plupart des allures défectueuses que peuvent acquérir les animaux. Elles pourront se manifester au pas, au trot et au galop.

§ 1er. — ALLURES ASCENDANTES AU PAS OU TROTTINER.

Le cheval qui trottine est celui qui reste en trop forte compression pendant l'allure du pas, alors que son conducteur fait tout son possible pour obtenir de lui une marche souple, aisée, sans contrainte aucune.

Cette définition permet de nous rendre compte pourquoi le trottiner peut être observé en des circonstances très variables. En effet, un animal marquera le défaut au début du travail, alors qu'il marche en s'éloignant de son écurie; un autre, au contraire, quittera le pas régulier, accusant le trottiner, pour se hâter vers une direction qui lui est connue.

Dans les deux cas, c'est par une retenue générale de la marche que le défaut est engendré. Chez le premier sujet, la compression s'établit par le poids de l'embouchure agissant sur les barres, puis par la raideur de l'avant-main et le manque d'impulsion du train postérieur. Chez le second, la rapidité de la marche qui est esquissée, combinée souvent aux efforts de la main du cavalier qui cherche à maintenir l'allure raccourcie, détermine le rassembler et, par le fait, la détente en hauteur de l'avant-main. Il en est de même du cheval nerveux, qui s'excite en marchant au voisinage d'autres chevaux et qui utilise la moindre action sur le mors pour s'engager au trottiner.

Le défaut est des plus désagréables. Il suffit d'avoir monté des chevaux qui trottinent, pour s'être rendu compte de l'énervement et du malaise que l'on éprouve par le piétinement plus ou moins accusé caractérisant l'allure défectueuse dont il est question.

Voici les moyens d'action qu'il convient d'employer contre le trottiner. Lorsque la mollesse de la marche sera cause du défaut, le cavalier s'efforcera de balancer l'avant-main do l'animal; il facilitera ainsi les mouvements des épaules et abaissera autant que possible le bout du nez du cheval, paralysant de cette façon l'état de compression qui engendre le trottiner. Si besoin est, la monture sera, de plus, invitée de la voix ou par des secousses sur la selle à produire une allure plus énergique, moins retenue. Quelques oscillations des membres, faites pendant que la tête est en position de flexion sur l'encolure, finiront par indiquer ensuite à l'animal la véritable cadence du pas. Par la suite, le cavalier, se montrant toujours méfiant, devra rester lié aux mouvements du cheval à l'aide d'une rêne légèrement plus tendue, pour qu'à chaque sursaut de la croupe, il puisse répondre par une indication de flexion de tête qui ramènera le pas.

Lorsque l'animal à corriger doit son défaut à sa vivacité naturelle, ou à la précipitation qu'il met à se diriger vers l'écurie, par exemple, la première préoccupation du cavalier sera de rechercher que son cheval l'écoute bien. J'avoue que la chose est parfois longue et difficile à obtenir. Comme elle est indispensable, on fera tout son possible pour combattre l'affolement du cheval. On usera donc d'abord d'une extrême patience. Certains petits artifices pourront d'ailleurs être employés avantageusement pour faciliter la tâche.

C'est ainsi qu'un cheval très énergique, pour devenir écouteur, exigera de son conducteur des arrêts fréquents et des caresses répétées. On n'hésitera donc pas à habituer un animal nerveux, qui trottine, à être arrêté souvent pendant le travail de manège. Aussitôt qu'il cessera d'être en mouvement, on desserrera les doigts sur les rênes pour que des descentes de main se produisent. On flattera alors le sujet de la voix, et on ira même jusqu'à mettre pied à terre si l'on sent que le cheval reste encore inquiet. L'animal sera laissé à l'arrêt pendant un temps assez long et les caresses ne lui seront point ménagées pendant le pied à terre ou le repos. Aussitôt qu'on se remettra en selle, le travail au pas recommencera. On pourra ensuite commander quelques foulées de trot, et l'on remettra au pas et à l'arrêt comme il a été dit.

Le procédé que j'indique a l'avantage sérieux de mettre rapidement le cheval nerveux dans un état de calme parfait. Le sujet traité avec beaucoup de modération apprend vite qu'une obéissance rapide le dégage de toute contrainte et de tout travail : il se montre donc attentif.

Par la suite, on exerce le cheval sur une route. Avec la tactique que j'ai recommandée, on lutte contre lui quand il cherche à s'échapper au trottiner, surtout quand on a l'impression qu'il refuse les invitations que la main lui fait pour le remettre au pas. Arrêté souvent, un sujet, même violent, finit par se soumettre par la persuasion qu'il acquiert que le travail augmente de durée pour chacune des fois qu'il se montre impatient.

Telle est la première phase du dressage sur route de l'animal qui trottine; elle a pour but surtout de tranquilliser le cheval. Celui-ci sera ensuite entrepris sur l'allure du pas. Aussitôt en mouvement, s'il manifestait encore de l'impatience, on l'arrêterait et on le calmerait de nouveau. Après le repos complet, c'est toujours en flexion de tête ou en descente de main que le pas sera commandé. Le cavalier devra montrer une très grande patience pour ne pas compromettre le dressage déjà acquis. Il ne se laissera jamais aller à un mouvement de mauvaise humeur, qui mettrait le cheval dans un état d'inquiétude, l'empêchant d'écouter ce qui lui est commandé. On ne luttera donc que par des arrêts et des démarrages fréquents, contre le cheval qui s'obstinerait à s'échapper trop violemment.

Après avoir été invité à se mettre souvent au repos, habitué aussi à produire des départs nombreux, le cheval sera exercé sur la marche directe, en dehors de toute compression. Le cavalier prendra ses rênes assez libres, et, par des changements répétés des mains sur les rênes, il empêchera la contracture des mâchoires qui, venant s'établir, engendrerait le trottiner. Dans les divers déplacements des mains sur les rênes, les doigts devront glisser en douceur d'avant en arrière, pour produire une sorte de titillation sur la muqueuse recouvrant les barres. Le frôlement des rênes par les doigts amène, à bref délai, un effet caractéristique; le cheval allonge son encolure et sa tête; l'allure ascendante ne se produit donc plus, car les oscillations des membres sont régularisées par la position normale que prend le balancier.

Quand, pour une raison quelconque, le défaut réapparaît, il conviendra, surtout dans les premiers temps, de reprendre le cheval en lui faisant subir toutes les phases du dressage propre au trottiner.

J'ai signalé que certains sujets se montrent violents, trottinent avec énergie, lorsqu'ils marchent en compagnie. Il n'y a pas lieu pour eux de modifier la tactique à opposer à leur défaut. Le cavalier, même s'il éprouvait des difficultés, doit toujours arrêter un cheval impatient avant de l'engager au pas ralenti, cela sans se préoccuper du voisinage et de l'allure des autres chevaux. Quelquefois, au début, il est nécessaire de placer le cheval en direction contraire, pour pouvoir le décontracter et le rendre calme. J'ajouterai que tous les moyens que l'on pourra employer seront bons, s'ils doivent amener la tranquillité du cheval à l'arrêt.

Du repos, l'animal sera invité à rejoindre ses camarades au pas. Toutes les recommandations déjà faites seront mises à profit pour conserver l'allure basse, si le cheval s'enlevait au trottiner. Inutile de répéter que, si le sujet mettait trop d'ardeur à marquer son défaut, il conviendrait de lui infliger de nouveau l'arrêt.

Tel est le dressage que je crois pouvoir préconiser contre le trottiner. Il peut être résumé en quelques mots : le cavalier luttera contre l'allure vicieuse par la patience et en paralysant toute contraction chez son cheval. Le résultat que l'on attend du procédé sera quelquefois long à se faire jour, mais on peut être certain qu'il se manifestera à un moment donné par des effets appréciables et durables à la fois.

§ 2. — ALLURES ASCENDANTES AU TROT.

Au trot, l'allure ascendante se traduit par une sorte de retenue générale de l'avant-main, une raideur plus ou moins forte dans la tête et l'encolure qui se relèvent, des secousses répétées du bout du nez du cheval, indiquant le renvoi du mors pour diminuer la tension des rênes, par un engager exagéré des membres postérieurs et, au contraire, par un manque d'amplitude dans l'oscillation des leviers des membres antérieurs.

Plusieurs degrés peuvent être rencontrés dans ce défaut d'allure. Le pas de trot peut devenir plus court que celui qui caractérise le trot ordinaire et la tête seule se place mal. Par exagération, le trot peut faire place à une sorte de galop désuni du derrière, les membres postérieurs très engagés sous le tronc, pendant que les membres antérieurs esquissent une sorte d'enlever violent au trot sur place. Il peut arriver même que l'on rencontre des animaux chez lesquels le défaut de l'engager postérieur est très accusé. Dans ce cas, les départs au trot, ou même certaines foulées pendant la même allure, simulent le temps d'arrêt marqué par un cheval qui va effectuer un changement de pied au galop ralenti.

Il n'est point besoin d'expliquer que les sujets qui présentent le trot ascendant doivent leur défaut à une compression exagérée par l'avant. Elle peut être obtenue soit par un cavalier agissant sur les rênes d'une main ferme, alors que les jambes n'agissent que très peu, soit par une personne manquant de souplesse et d'assiette et montant des animaux à réactions un peu dures. Dans les deux cas, la bouche a été violentée au moment où l'animal a voulu entamer le trot. Ce qui explique bien le fait, c'est que ce sont les animaux nerveux, à bouche sensible ou marchant des allures amples et relevées, qui prennent l'habitude des allures ascendantes au trot. C'est pour se dérober à la main du cavalier qu'ils redoutent, qu'ils ont pris l'habitude de mettre celui-ci en position fausse pour commander ou pour se cramponner aux rênes, la tension de celles-ci diminuant à chaque lancer de la tête de l'animal en hauteur.

La compression chez les animaux qui font du trot ascendant ou du galop pour remplacer le trot ordinaire s'établit souvent par le seul fait de l'énergie naturelle des individus. Comme le rassembler est peu retenu en arrière par les jambes, la détente vers l'avant est à peu près nulle, ou si elle se produit après les secousses imprimées sur la selle par le corps du cavalier, il arrive que le mouvement se fait en hauteur, l'encolure en cercle, vu la position de la tête de l'animal.

Connaissant les causes réelles qui ont amené le trot ascendant, il est facile d'y remédier. Par le balancer, les flexions de tête au pas et au trot, on parviendra toujours à avoir raison du défaut lorsqu'il sera peu prononcé et que la fausse allure ne doit être attribuée qu'à une position défectueuse du balancier. Lorsque, par contre, le sujet laissera voir une exagération trop accentuée dans l'allure du trot ascendant, il conviendra d'y porter remède avec un tact spécial et surtout par un doigté particulier.

Je citerai la façon de rectifier un cheval chez lequel on aura le maximum de difficultés. C'est le cas qui se produit lorsqu'au lieu de passer du pas au trot, l'animal entame un galop affolé sur place. Dans ce cas, le cheval change de pied chaque fois que l'on cherche à l'actionner par les rênes. L'animal s'engage exagérément en avant par les membres postérieurs, pendant que sa tête est agitée avec fréquence, prenant des positions favorables à l'abandon du mors par la bouche.

Pour remettre le cheval à une bonne allure, il y a lieu de placer sa tête : le chanfrein vertical par rapport au sol. La liaison de la main et de la bouche étant alors mieux assurée, le cavalier pourra commander l'allure régulière, puisque l'action des rênes devenant continue, la détente vers l'avant pourra se faire normalement et sans à-coups.

Les rênes seront donc prises d'une seule main, de préférence dans la main droite, puisque le cheval est gaucher (voir figure 12), la main gauche se plaçant sur la rêne gauche du mors de filet. En maintenant cette dernière main très basse, le bras et l'avant-bras du cavalier verticaux, si c'est nécessaire, le bout du nez de l'animal se placera assez bas. A ce moment-là, une légère fixité dans les jambes, aidée de l'action des trois autres rênes tenues par la main droite très basse, pourra maintenir le cheval si celui-ci, commandé pour partir au trot, cherchait à s'échapper au galop. Il est toujours préférable de faire agir la rêne gauche plutôt que la droite pour le baisser de la tête, comme aussi de marcher à main droite dans le manège. Lorsque l'animal aura pris l'habitude de s'échapper à l'allure d'un trot normal, on pourra alors essayer de le commander inversement par la main droite agissant pour infléchir la tête par en bas. Il est de première nécessité de toujours conserver le contact par la rêne d'abaissement, tant que la main qui tient les autres rênes n'aura pas senti que la bouche du cheval appuie bien sur le mors.

Très souvent, le cavalier aura à se méfier après le caracoler du premier pas que l'animal marquera pour partir au trot. L'amplitude de ce pas sera toujours très importante au commencement; aussi, si les mains doivent agir d'une façon continue, elles ne devront jamais être crispées, pour ne pas provoquer une action trop dure.

Donc, aussitôt produite, l'allure du trot sera un peu allongée. Le ralentissement pourra s'obtenir peu à peu si l'on change souvent les rênes de main, comme je l'ai déjà recommandé au sujet du trottiner. On modérera l'allure également en commandant des voltes lentes, des doubler et surtout des serpentines très ralenties, avec peu de tenue dans les rênes. Les descentes de main se produiront de plus en plus; elles seront un garant que la bouche de l'animal se soumet à la main qui l'actionne.

Dès que la confiance sera obtenue chez le cheval, on constatera que le défaut du trot ascendant disparaîtra très vite pour faire face, au contraire, à un trot pendant lequel le rassembler semblera exagéré. A ce moment, un certain encapuchonnement de la tête pourra se produire. Il sera préférable de ne pas chercher à l'éviter et de n'y remédier que peu à peu, pour se mettre en garde contre la tendance qu'aurait l'animal à reprendre le premier défaut que l'on a voulu combattre.

§ 3. — ALLURES ASCENDANTES AU GALOP.

Après les explications que j'ai déjà données au sujet des allures caractérisées par une élévation anormale de l'avant-main, le lecteur comprendra facilement le galop ascendant. Cette allure se manifestera après un placer défectueux de la colonne vertébrale dû à une incurvation de l'encolure par en haut et à son rejet en arrière ou à un lancer exagéré des membres propulseurs en avant. Dans ce dernier cas, l'effort produit par le train postérieur est inutilisé à cause de la position défectueuse du balancier régulateur d'allures.

Les causes qui engendrent le défaut sont nombreuses. Il suffit de rappeler que l'énergie peut le produire, qu'un accord imparfait des aides peut aussi y donner naissance, d'autant plus facilement que le galop est une allure sautée.

Beaucoup de chevaux marchent au galop ascendant, relevant et secouant leur tête, renvoyant le mors avec énergie pour chercher à s'échapper en hauteur, dans le but de fuir l'action des jambes. La façon de se placer de ces animaux est préjudiciable à une bonne position du cavalier sur la selle; aussi, le galop se traduit par des bonds qui portent les mains du cavalier à heurter les rênes quand celles-ci sont tenues trop courtes.

Tout ce que je viens de dire explique pourquoi le défaut peut augmenter de gravité avec une personne manquant de doigté ou avec un cheval dont l'encolure est courte et renversée. On sait que les chevaux tarbais, qui jouissent de la réputation de s'affoler au galop en marchant la tête relevée, exigent, pour produire un travail régulier et calme, d'être montés par des cavaliers ayant une main légère.

Il existe plusieurs degrés dans le galop dit « ascendant ». Certains animaux marqueront l'allure par un affaissement de la croupe et un engager donnant un écartement exagéré des membres postérieurs. D'autres relèveront leur genou, accusant une tendance à changer souvent le côté du galop par les membres antérieurs. D'autres piétineront sur place, au lieu de se laisser diriger à droite ou à gauche. Enfin, certains animaux iront jusqu'à se dérober à toute action de la main et partiront à très vive allure en emballant.

On trouvera la façon de corriger le galop ascendant dans les explications que j'ai déjà données sur les chevaux qui portent au vent, qui sont vifs, sensibles, qui s'emballent, qui encensent. On y prendra les procédés de conduite à utiliser pour abaisser et fixer la tête de l'animal; aussi je renvoie le lecteur aux paragraphes visés ci-dessus (pages 215, 219, 225, 230).

IV

CHEVAUX A REPRENDRE SUR LES OBSTACLES.

Les chevaux qui sautent mal, ceux qui se défendent à la vue d'un obstacle, ceux qui refusent énergiquement de sauter exigent un supplément de dressage.

Pour l'exposé des moyens de conduite appropriés à ces divers animaux, j'indiquerai toujours, pour simplifier mon étude, la mise du cheval au saut de la barre, laissant au cavalier le soin de modifier lui-même la tactique à employer pour les autres obstacles.

1° Chevaux qui sautent mal.

Le groupe des animaux qu'il est convenu d'appeler « mauvais sauteurs » comprend des individus assez nombreux. Certains d'entre eux abordent trop vite les obstacles, d'autres calculent mal leurs foulées et franchissent en bonds désordonnés ou insuffisants donnant une impulsion trop longue, trop haute ou trop basse au moment du saut; enfin, quelques-uns partent affolés après avoir franchi.

§ 1er. — CHEVAUX QUI PARTENT TROP VITE SUR L'OBSTACLE.

Il n'est pas rare de rencontrer, parmi les animaux

nerveux, des sujets qui cherchent à s'échapper en saccades, la tête haut placée et l'encolure renversée, pour gagner précipitamment de l'avant dès qu'ils sont dirigés sur un obstacle. Le défaut en lui-même n'a pas beaucoup de gravité. Lorsqu'il est trop exagéré, il peut entraîner parfois une augmentation progressive de l'excitabilité, à un point que les sujets, semblant ne plus voir en avant, font redouter une chute à chaque saut.

La nervosité seule peut être l'origine du défaut. J'ai observé aussi qu'un animal à encolure courte, et à bouche sensible, est également enclin à prendre son élan avec une énergie non en rapport avec l'effet à produire. L'animal, connaissant qu'il doit sauter, a hâte de le faire. Il produit donc l'impression d'avoir peur d'être gêné et, par le fait, de manquer d'élan ou de force pour assurer le travail du saut.

Je me suis servi de l'interprétation que je viens de donner, quand j'ai cherché à remédier au défaut caractérisé par la précipitation sur l'obstacle. L'analyse de la conception que je me faisais m'a alors conduit aux conclusions suivantes :

Un cheval nerveux peut être comparé à un ressort léger, excessivement sensible, à spirales très lâches et vibrant au moindre attouchement. Il en est de même du cheval dont la bouche est fine ou égarée. Pour produire le maximum de travail, le ressort auquel je fais allusion n'a pas besoin d'être bandé fortement, surtout maintenu longuement en tension, car dans ce cas le ressort se fatigue et son élasticité finit par devenir incertaine.

Le cheval nerveux doit donc être monté avec un certain tact pour qu'il n'ait pas la sensation d'être trop maintenu par les rênes. Celles-ci sont tenues très lâches, pour éviter une trop forte compression; le cheval mis dans un état d'excitation par l'idée de l'effort à fournir doit se sentir libre de se dégager en avant, au moment où des à-coups sont portés sur la selle par l'assiette du cavalier. Pour remédier aussi à l'affolement du sujet, on lui fait sauter souvent des obstacles ayant très peu de hauteur. Préparé de la sorte, il n'est pas rare de voir le caractère de l'animal s'amender. Le travail à la longe vient aussi en aide pour calmer le cheval, en lui donnant l'habitude de sauter.

Un cheval à encolure courte, chez lequel la tête se place trop haut, rappelle un ressort mal aplati ou tiraillé sur une de ses faces; sa détente se fait en hauteur, suivant une trajectoire courbe, au lieu de se déplacer normalement à sa base. Les individus dont l'encolure manque de longueur ou chez lesquels elle est plus ou moins renversée ont une certaine difficulté à franchir, vu que le balancier mal placé leur sert moins dans le travail du saut. C'est ce qui explique pourquoi ces animaux ont une tendance à suppléer à l'aide qui leur fait défaut par un surcroît d'énergie et un rassembler puissant avant l'obstacle.

Le cavalier, dans la conduite de ces animaux, devra agir d'après les principes que j'ai préconisés à propos des chevaux qui portent au vent (voir page 215). Le sujet relevant la tête sera toujours maintenu par les rênes du mors de filet, la main placée très bas. La position que prend alors la tête facilite d'abord le maintien de l'allure; elle amène ensuite une détente plus horizontale que celle qui se produirait si le cheval avait son chanfrein en position relevée. En adoptant aussi le dressage sur des obstacles peu importants, on arrive à faire disparaître chez l'animal la crainte qui le portait à s'engager trop précipitamment.

Il va de soi que, pour la catégorie de chevaux dont il est question ici, la main et l'assiette du cavalier doivent savoir s'associer pour la mise en condition des sauteurs. La première accordant toujours la liberté nécessaire à la plongée du balancier dans la descente du saut, la deuxième suffisamment assurée, évitant les heurts sur la colonne vertébrale qui occasionnent une incurvation du corps du cheval, et une traction intempestive par le mors.

En résumé, le cavalier dans la conduite d'un sujet bourrant sur l'obstacle doit s'attacher à placer le balancier de l'animal, à éviter aussi à ce dernier des saccades pendant qu'il est exercé sur de faibles hauteurs. C'est le moyen le plus sage pour arriver à dissiper chez un cheval la crainte qu'il ressent, et qui le porte à vouloir se débarrasser de l'obstacle au plus vite, en cherchant à le franchir par bonds rapides et mal calculés.

§ 2. — CHEVAUX QUI RAISONNENT MAL L'OBSTACLE A FRANCHIR.

Le défaut des animaux de selle, qui prennent mal

leur obstacle, n'a pas beaucoup de gravité. Il se traduit par des sauts trop hauts, faits sur place, d'autres fois par des bonds n'ayant pas assez de hauteur. C'est souvent le manque d'habitude de sauter qui est la cause initiale du défaut. Dans ce cas, celui-ci disparaît progressivement et un peu à chaque reprise. Au contraire, si l'on s'adresse à des chevaux sautant mal régulièrement, il convient de prendre certaines précautions qui finiront par dompter une mauvaise habitude acquise.

Le cheval qui saute sur place rappelle celui qui s'arrête aux obstacles, lorsque son défaut est bien accusé. On trouvera plus loin la façon de le rectifier (voir page 262). Si la défectuosité au saut ne comporte qu'une légère hésitation, il suffira de pousser l'allure sur des obstacles bas ou moyens. L'énergie dans la conduite, l'importance de la compression avant le saut, le lâcher des rênes en temps voulu, le commandement du saut à la parole pendant quelques séances, viennent aussi favoriser la mise en condition des animaux qui franchissent de pied ferme.

L'animal qui saute trop long et en même temps trop bas peut rappeler parfois celui qui marche trop vite vers l'obstacle. Dans ce cas, il sera repris de la même façon que ce dernier, comme il a été dit au paragraphe qui précède.

L'animal qui saute mal, par manque de détente, peut être corrigé en lui faisant toucher les membres antérieurs ou postérieurs par une latte ou par la barre se relevant au moment du planer. On engage ainsi le cheval à trousser ses membres en passant au-dessus de l'obstacle. On peut aussi lutter contre le même sujet en exigeant de lui beaucoup de compression avant l'obstacle et en le stimulant énergiquement à l'éperon. Un châtiment lui est imposé après le saut, à chacune des fois qu'il a accroché la barre. Si l'on veut opérer seul, on peut également faire alterner un obstacle sérieux avec un obstacle bas, de manière que le sujet se contusionne le canon ou le genou, quand cette dernière articulation ne se replie pas assez. Mis enfin sur des obstacles fixes et solides, un cheval finit par perdre l'habitude de butter aux obstacles.

§ 3. — CHEVAUX QUI S'AFFOLENT APRÈS L'OBSTACLE.

Un certain nombre d'animaux prennent l'habitude, après avoir franchi, de partir à une allure désordonnée. Le défaut pourra toujours être évité, si l'on prend dès le début la précaution d'arrêter et de caresser le cheval peu après l'obstacle.

Si l'on a à corriger un mauvais dressage, on doit adopter une conduite assez ferme avant l'obstacle, de façon à n'accorder que le glissement nécessaire à la descente du saut. Celui-ci fini, on replace instantanément, avec douceur, les mains sur les rênes et on caresse l'animal. Peu à peu mis en confiance, le cheval abandonne sa défense. La fuite qu'esquissent certains chevaux n'a pas d'autre cause qu'une reprise brusque des rênes, action qui a pour conséquence fâcheuse le relever du balancier, position favorable à l'emballement.

Il existe une catégorie d'animaux quelque peu tarés, présentant des articulations manquant de souplesse, qui fuient poussés par la douleur que la chute sur le sol a provoquée. On ne peut que conseiller de ménager le plus possible ces chevaux souffreteux.

2° Chevaux qui se défendent à la vue d'un obstacle.

Le trop de précipitation à aborder l'obstacle conduit souvent et par contre-coup les animaux à se montrer hésitants. Tiraillés dans la bouche, comme meurtris dans leur dessus ou leurs articulations au moment du saut, les animaux manifestent leur appréhension en s'arrêtant, dès que le cavalier leur commande de prendre leur élan pour franchir. Quelquefois leur défense s'exagère, après l'arrêt qu'ils ont marqué, par du pointer, par des tourner sur place, par une incurvation latérale de leur corps, ou encore par une marche à l'appuyer ou au reculer.

Pour combattre le défaut on devra se conformer à ce qui a été dit au paragraphe précédent; l'animal sera entrepris de façon à ce qu'il éprouve de moins en moins la crainte de l'obstacle. On utilisera aussi la tactique recommandée précédemment contre le cheval qui cabre, ou contre celui qui est froid au départ, suivant le cas.

Il y aura lieu également de mettre l'animal en cercle, s'il a une tendance à s'incurver ou à reculer; pour cela, on n'hésitera pas à tenir basse la main qui actionne la rêne de commande sur la marche circulaire. Il faut toujours rectifier l'attitude du sujet, en exigeant de lui une volte assez grande, du côté opposé à celui où il s'est incurvé. Si l'on éprouve trop de difficultés, on exige une volte serrée dans le sens où l'animal se défend lui-même.

Pour donner également le goût du saut au cheval, on place celui-ci non loin des obstacles, pendant un certain nombre de reprises. L'affolement sera moindre, si la piste sur laquelle le cheval prend son élan est courte, surtout si les essais se font sur des obstacles peu sérieux pendant toute la période de rectification du défaut.

3° Chevaux refusant l'obstacle.

Le refus de sauter se traduit de deux façons : par la dérobade ou par un arrêt complet marqué devant l'obstacle. La défense a pu être engendrée par un manque d'énergie du cavalier, mais elle est due très souvent au caractère seul des animaux.

Pour lutter contre la dérobade, on utilise pendant un certain temps l'exercice du saut de la barre, dans un manège ou une carrière. On y fera marcher d'abord l'animal en le mettant à main droite ou à main gauche du même côté où il dérobe. On n'a ainsi qu'une préoccupation, c'est de maintenir la tête de sa monture vers le mur.

L'animal est entrepris comme le cheval trop vite sur l'obstacle; on agit, de plus sur lui, par la rêne extérieure tenue solidement jusqu'au moment du saut. Il ne faut pas hésiter, surtout au début du dressage, à actionner la bouche du cheval avec énergie.

On pourra, s'il le fallait, provoquer même l'arrêt de l'animal vers une extrémité de l'obstacle, plutôt que de lui laisser la facilité de gagner du terrain. La manœuvre est plus aisée si on commande le cheval quand il est peu éloigné de la barre; de même, si celle-ci est placée à peu de hauteur, tant que la dérobade sera esquissée. Le cheval qui marque cette tendance à fuir a peur de mal sauter; c'est pour cela qu'il est utile de ne le conduire au début que sur des obstacles peu élevés.

Lorsque la dérobade est très accusée, il est nécessaire de ramener l'animal sur l'obstacle par la rêne qui cherchait à le maintenir. La main du cavalier doit être secondée par l'éperon ou la cravache, pour pouvoir mieux dévier la croupe dans le sens favorable à la mise en cercle.

Il arrive parfois que l'énergie déployée par certains animaux est telle, que le ramener sur l'obstacle ne se fait qu'avec une extrême difficulté. Dans ce cas, il vaut mieux, à mon avis, lutter contre l'animal par son propre défaut, en l'attaquant vigoureusement sur le côté qu'il a choisi. Après une dérobade à gauche, par exemple, lorsque l'on sent que l'obstacle a été dépassé, on emploiera la force pour exiger une volte à main gauche. Le cheval, dans ce cas, doit être conduit énergiquement, violemment même s'il le faut, et éperonné vigoureusement à gauche. De la sorte, le sujet dérobeur finit par hésiter à employer une défense qui amène et favorise la correction.

Quand l'animal a été maintenu à plusieurs reprises, il se soumet volontiers, si le cavalier, affermissant son assiette, le dirige avec énergie sur l'obstacle, en le balançant dans son encolure pour paralyser toute contraction. Par la suite, le travail progressif finit par avoir raison du caractère du cheval.

L'animal qui s'arrête au moment de franchir exige un mode de conduite vigoureux. Le cavalier ne doit donc pas hésiter à le secouer dans l'avant-main, au moins pendant une vingtaine de mètres avant l'obstacle, comme à l'éperonner ou à le cravacher au moment de sauter. Si, malgré ces précautions, le cheval s'arrête, le cavalier le punit instantanément en lui faisant produire des voltes serrées sur place, tantôt d'un côté, tantôt de l'autre. Pendant ces exercices, on châtie à l'éperon ou à la cravache. Aussitôt, un essai nouveau sur l'obstacle doit avoir lieu.

Comme on le voit, l'arrêt marqué devant un obstacle doit être combattu instantanément, et la punition qu'il comporte doit être très sévère. Un cavalier énergique peut donc, à bref délai, lutter avantageusement contre un cheval qui se refuse à sauter.

Il ne faut pas oublier de récompenser immédiatement un animal qui, ayant pour habitude de refuser l'obstacle, aura fait preuve de soumission en sautant au lieu de s'arrêter. Après une caresse, on le conduira de suite à l'écurie.

Certaines personnes utilisent le travail à la longe pour l'animal qui ne veut pas franchir. Je crois qu'il est préférable d'obtenir d'abord le saut, le sujet étant monté, surtout si celui-ci a déjà rétivé avec son cavalier en selle. Cette pratique n'exclut pas d'ailleurs le caveçon, dont on peut se servir dans la suite pour mieux confirmer le dressage que l'on a entrepris.

Telle est la tactique du cavalier vis-à-vis du cheval froid ou rétif sur les obstacles ordinaires. Il reste entendu qu'un obstacle inconnu de l'animal demandera quelquefois un dressage complémentaire, soit que sa structure ou sa configuration soient spéciales, soit qu'il exige une façon de sauter un peu particulière.

TABLE DES MATIÈRES

Pages.

PREMIÈRE PARTIE

TROISIÈME PARTIE

Pages

PARIS ET LIMOGES. — IMPRIMERIE ET LIBRAIRIE MILITAIRES CHARLES-LAVAUZELLE

www.ingramcontent.com/pod-product-compliance
Ingram Content Group UK Ltd.
Pitfield, Milton Keynes, MK11 3LW, UK
UKHW021509090726
13657UKWH00001B/133

9 782019 932848